绿色建筑设计
——建筑风环境

Green Building Design:
Wind Environment of Building

杨 丽 著

同濟大學出版社
TONGJI UNIVERSITY PRESS

图书在版编目(CIP)数据

绿色建筑设计：建筑风环境/杨丽著.--上海：
同济大学出版社,2014.7
ISBN 978-7-5608-5530-1

Ⅰ.①绿… Ⅱ.①杨… Ⅲ.①生态建筑－建筑设计
Ⅳ.①TU201.5

中国版本图书馆 CIP 数据核字(2014)第 118980 号

绿色建筑设计——建筑风环境

杨 丽 著

责任编辑 由爱华 责任校对 徐春莲 封面设计 张 微

出版发行 同济大学出版社 www.tongjipress.com.cn
(地址:上海市四平路 1239 号 邮编:200092 电话:021－65985622)
经 销 全国各地新华书店
印 刷 常熟市大宏印刷有限公司
开 本 787mm×1092mm 1/16
印 张 7.25
印 数 1—2100
字 数 180000
版 次 2014 年 7 月第 1 版 2014 年 7 月第 1 次印刷
书 号 ISBN 978-7-5608-5530-1

定 价 36.00 元

前　言

绿色建筑的诞生标志着建筑设计在传统建筑的美学、空间利用、形式结构、色彩结构等方面的基础上，逐渐地吸收了生态学设计元素，这意味着建筑不仅被视为基本的非生命元素，更被视为生态循环系统的有机组成部分。

人、建筑与环境作为三大基本要素的和谐发展是绿色建筑赖以发展的前提条件。基于生态、材料、数字化为发展新方向，绿色建筑充分利用天然条件和人工手段营造良好的居住环境，同时控制和减少对自然环境的影响和干扰，充分体现人、建筑与环境的和谐共处。

绿色建筑理念涉及众多技术领域，本书从风环境角度阐述建筑节能技术。随着城市高层建筑不断增加和建筑密度的不断增大，风环境已经成为影响人居品质的重要因素。建筑风环境不仅能够直接影响使用者的舒适性，从而左右建筑空间的品质，同时也能影响空气质量及建筑能耗，关系到绿色城市的发展。建筑单体的设计，对建筑群体良好的规划，确保建筑周围及建筑物内部具有适宜的建筑风环境已经显得非常重要。在低碳生态城市的规划建设和绿色建筑发展中，也应当把风环境作为一项不可忽略的指标进行控制。建筑风环境研究对绿色建筑发展有着重要的意义。

本书基于理论和数字化技术，研究分析风环境在建筑、规划设计中的应用，探寻建筑合理性向科学性转变、降低建筑能耗技术，并介绍风洞试验技术和相关实例，是对建筑布局与通风、环境舒适、建筑节能的一种探索，以期为通过建筑规划设计策略改善建筑风环境、营造最佳的风环境提供参考和借鉴。

目 录

第 1 章　绿色建筑设计

1.1　概述

世界的全部能源消耗中,约有一半用于建筑的建造、使用和维护。庞大的建筑能耗,已经成为国民经济的巨大负担,如果继续执行节能水平较低的设计标准,将留下很重的能耗负担和治理困难。建筑业对国民经济的影响举足轻重,建筑用能的状况关系全局。因此,全面节能对建筑行业来讲是极其必要的,开展对建筑节能设计方法和对策的探讨也具有极为重要的意义。

在经历了数次能源危机后,世界各国提出了控制矿物能源用量增长、提高用能效率、开发新能源和可再生能源、保护环境的目标。作为耗能大户的建筑业的节能受到了极大的关注。建筑节能是近年来世界建筑发展的一个基本趋势,也是当代建筑科学技术的一个新生长点。

随着我国经济的发展,建筑能耗浪费相当严重。造成这种情况的原因也是多方面的,如技术落后、供暖设计不科学、管理不当、采暖收费不合理、缺乏节能意识等(图 1-1)。尤其突出地表现在过分强调降低建筑物的一次性投资和对某些建材制品的要求不严,结果虽节省了一次性投资,却造成了长久的能源浪费,得不偿失。如不赶紧采取坚决有效的措施来控制建筑能耗的浪费,那么,用不了多久,我们就会受到大自然的惩罚。

建筑节能是指在满足室内热环境、光环境等舒适性要求的情况下,采用节能环保建筑材料、合理建筑布局、高效用能设备等方法,达到减少建筑能耗量和提高建筑能源的利用率的目的。

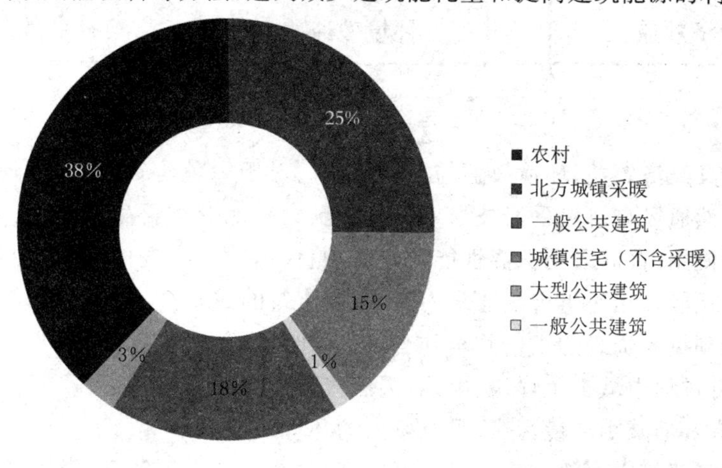

图 1-1　建筑能耗分类

1.2　绿色建筑概念

1.2.1　绿色建筑的定义

绿色建筑是指在建筑的全寿命周期内,最大限度地节约资源(节能、节地、节水、节材),保护环境和减少污染,为人们提供健康、适用和高效的使用空间及与自然和谐共生的建筑(《绿色建筑评价标准》GB 50378—2006)。

“绿色”之于“绿色建筑”,不仅仅指如屋顶花园或立体绿化等一般意义上的具体措施,更是一种概念或象征,指建筑能充分利用自然环境资源,不破坏环境基本生态平衡。绿色建筑还被称为生态建筑、节能环保建筑、可持续发展建筑、回归大自然建筑等。

绿色建筑设计不同于传统建筑设计,仅仅对建筑美学、空间利用、建筑形式、建筑结构等方面进行考虑,而是从环境和能源的角度出发,运用生态学、环境学和能源学科技术,使人、建筑和自然环境协调发展,在利用天然条件和人工手段创造良好、健康的居住环境的同时,尽可能地控制和减少对自然环境的影响和破坏,充分体现向大自然的索取和回报之间的平衡。

1.2.2 绿色建筑的三大要素

绿色建筑的三大要素是节能、环保、适用(图 1-2)。与传统建筑相比,绿色建筑能够更好地节约能源与各种资源,减少固体废弃物的产生,并改善室内的空气质量,提高建筑室内舒适度,降低建筑在全生命周期内的运行成本和维护成本。

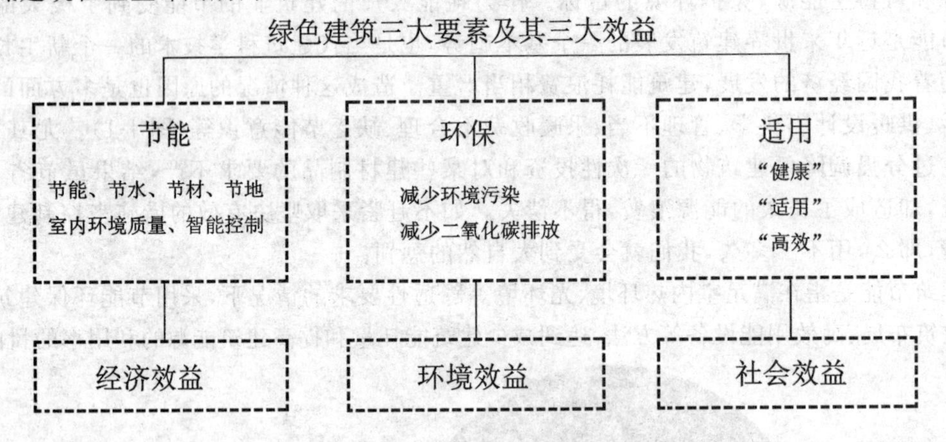

图 1-2 绿色建筑三大要素及其三大效益

绿色建筑兼具经济效益、环境效益与社会效益。对于绿色建筑,基于当地的客观状况,因地制宜地运用自然通风与自然采光技术,采用风能、太阳能等可再生能源,有效地降低空调设备与照明设备的使用;普遍采用保温性能较好围护材料,减少室内的热量(冷量)损耗,从而能够降低采暖制冷耗能。相对于传统建筑而言,绿色建筑的成本高出 2%,建筑全生命周期内的经济效益能够达到投入资金的十倍甚至几十倍。同时,绿色建筑节能、节水、节材、节地及新能源利用,建筑运行过程中减少了煤炭、电能、天然气等资源的消耗,从而减少了温室气体的排放及酸雨的形成,有效地减少环境污染,具有巨大的环境效益。

绿色建筑提高建筑室内的空气质量与舒适度,为使用者提供健康、舒适、环保的活动空间,抑制室内健康问题的发生,改善城市环境质量状况,能够提高全社会的环保意识,改变人们的环境理念,从而能够促进人与人、人与自然的和谐发展,具有重要的社会效益。

1.2.3 绿色建筑与气候

现代科技造福人类生活,机械空调被用来调节改善我们的工作生活环境。这种违背气候环境的方式被广泛应用在建筑中,会产生大量的经济和能源消耗,加重生态环境污染,使居住者与自然环境隔绝。绿色建筑则是很好地运用建筑和地区气候的关系,对克服现行的建筑模式给人带来的负面影响作用显著。绿色建筑设计根据气候条件和人体舒适要求,合理组织各种建筑因素,进行系统地建筑设计(图 1-3)。

绿色建筑是一个动态的、发展中的新兴概念,它的意义会随着技术和社会的进步逐步充实。我们完全有理由相信,绿色建筑将成为未来主流的建筑模式,因为这是人类运用科技手段与自然寻求和谐共存、可持续发展的理想建筑模式。现在,许多国家已很重视绿色建筑的发展和研究,建筑设计的方方面面都已渗入了绿色建筑的思想,建筑师们正在努力引领一种"回归自然"的建筑模式。但是,根据欧洲国家的经验,绿色建筑前期需要较高的投入,而利益回收又比较缓慢,投资所带来的回报多由社会和使用者分享,最终并不一定能装入开发商的口袋。而且,经过若干年以后,绿色建筑系统节约资源的价值才开始大于生态方面投资的价值。这些原因都会让开发商和决策者感觉力不从心。要攻克这个问题,特别需要政府在税收、立法等方面的政策调整和支持,增强绿色建筑在经济上的可行性,尤其在工程开始阶段。绿色建筑的推广,需要一个系统的良好的社会、道德和经济方面的激励体制,补偿开发商由于额外投资所带来的损失。

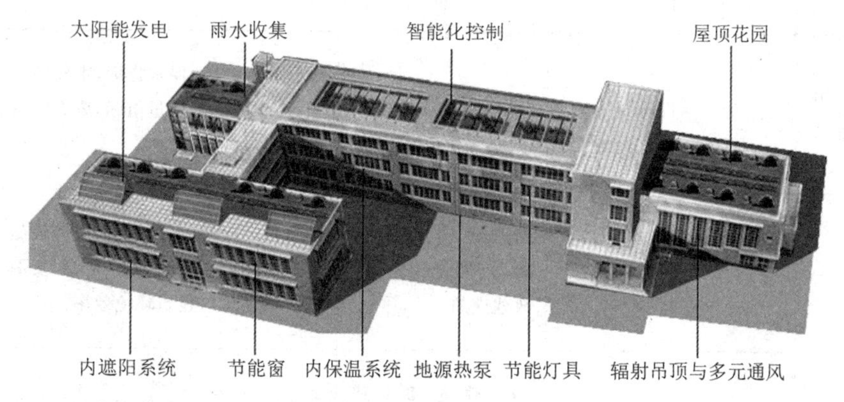

图 1-3　绿色建筑体系

1.3　绿色建筑评价体系

1.3.1　世界各国评价体系简介

近十年来。世界许多国家和地区都相继开发了各自的绿色建筑评价体系,如英国的建筑研究院环境评估方法(BREEAM)、美国的能源与环境设计先导计划(LEED)、加拿大的绿色建筑工具(GBTool)、法国的绿色建筑评估体系(ESCALE)、日本的建筑物综合环境性能评价体系(CASBEE)等(表 1-1)。这些评价体系的制定、推广及应用,对推动全球绿色建筑发展起到了重要作用。在这些绿色建筑评价体系中,英国的 BREEAM 和美国的 LEED 开发较早,影响也较为广泛。GBTool 能适用于世界不同国家和地区,可以将其作为国际标准来使用。德国、法国、挪威等国家的绿色建筑评价体系,无论是完善程度还是影响力都不及以上几个。日本的 CASBEE 虽然开发较晚,但却是亚洲国家开发的首个绿色建筑评价体系,对我国有较大的借鉴意义。

绝大多数的绿色建筑评价体系的评价对象都包括新建建筑和既有建筑,也有个别评价体系将短期使用建筑、改建建筑、热岛现象缓和对策等方面列入评价范围内。参评建筑的类型以住宅、办公、商业建筑为主,有的评价体系也包括工业建筑、学校、集会场所等。

表 1-1　　不同国家和地区绿色建筑评价体系

评价体系	开发年份	国家或地区	评价对象	评价内容
BREEAM	1990	英国	新建建筑、既有建筑	管理,健康与舒适性,能耗,交通,水耗,材料,土地利用,位置的生态价值,污染
LEED	1995	美国	新建建筑、既有商业综合建筑	场地可持续性,用水的利用率,耗能与大气,材料与资源的保护,室内环境质量,创新设计和施工
Ecoprofile	1995	挪威	已建办公楼、商业建筑、住宅	室外环境,资源,室内环境
GBTOOL	1998	加拿大	新建建筑、改建建筑	资源消耗,环境负荷,室内环境,服务设施质量,经济性,管理,交通
台湾绿色建筑解说与评价手册	2001	中国台湾	各类建筑	绿化指标,基地保水指标,水资源指标,日常节能指标,二氧化碳减量指标,废弃物减量指标,污水垃圾减量指标
CASBEE	2002	日本	新建建筑、既有建筑、短期使用建筑、改建建筑	建筑物的质量(室内环境、服务设施质量、占地内的室外环境),环境负荷(能源、资源与材料、占地以外的环境),建筑环境效率
DGNB	2007	德国	办公建筑、商业建筑、工业建筑、居住建筑、教育建筑	生态质量,经济效益,场地质量,过程控制,技术质量,社会与功能需求
ESCALE	正在开发中	法国	—	能源,水资源和材料,建筑垃圾,大规模污染,本地污染,文脉适应,舒适性,健康性,环境管理,间接条款

1.3.2　我国的绿色建筑评价体系

中国绿色建筑运动相对国际来说要晚 15～20 年。目前我国的绿色建筑标准体系由国家标准、行业协会标准和地方标准三个层次构成。国家级标准对全国的建设都具有约束力,影响面广,但受到地区发展不平衡、区域差异明显等因素的制约,标准的编制特征倾向于一种原则性的粗犷要求,图 1-4 所示为绿色建筑指标评定体系的主要要求;相比国家标准,行业协会的标准,没有那么权威的推动力,但是行业标准是结合具体的工程总结归纳的标准,在实施过程中更具有适用性和灵活性,这对于推动市场和指导企业是很有利的;地方标准是贯彻国家标准的重要一环,将国家标准的原则性要求变为可操作的、具有地方针对性、建筑类型针对性的细则,从而有利于发挥国家标准的作用,但是,由于地域的差别,地方标准编制水平参差不齐。

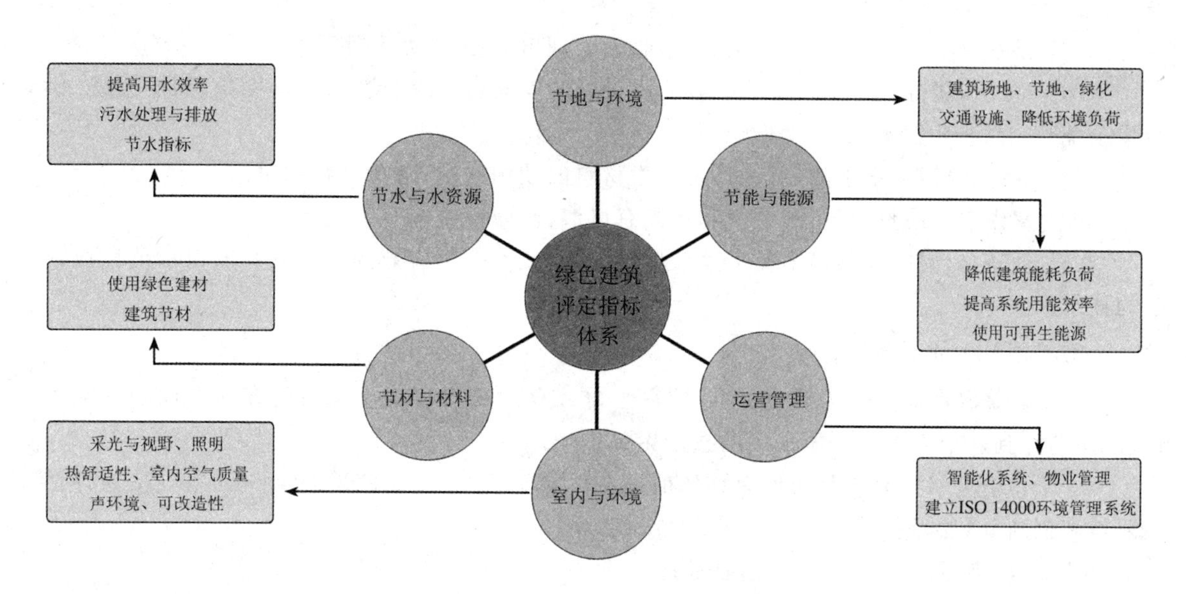

图 1-4　绿色建筑评定指标体系

1.3.3　LEED 认证

1. LEED 认证简介

LEED 美国建筑环保认证是美国绿色建筑委员会(U. S Green Building Council，简称 USGBC)建立并推行的“绿色建筑评估体系”，该体系遵循美国绿色建筑协会政策和方针，目前在世界各国的各类建筑环保评估、绿色建筑评估以及可持续性评估标准中，其被认为是最完善、最具影响力的评估标准。它不是简单地停留于定性分析，而是根据如 ASHRAE 标准进行深入定量分析。正是由于 LEED 认证体系的这种量化过程，使得建筑的设计和建造过程更趋于可控化和可实践性。

美国绿色建筑协会成立之后不久，就意识到对于可持续发展建筑这个行业，首要问题就是要有一个可以定义并度量“绿色建筑”各种指标的体系。1994 年秋，USGBC 起草了名为“能源与环境设计领袖”(Leadership in Energy and Environmental Design，简称 LEED)的绿色建筑分级评估体系。经过进一步的深化之后，1998 年 8 月份，LEED 1.0 版本的试验性计划正式推出。到 2000 年 3 月，共有 12 个项目完成了申请过程并被认可为“LEED 认证试验性项目”。在 LEED 1.0 版本成功的基础上，2000 年 3 月，LEED 2.0 版本正式发布。其适用建筑开始不局限于 LEED 1.0 的办公楼，而是拓展至其他类型建筑。LEED-EB 针对已建成建筑。LEED-CI 和 LEED-CS 针对零售市场。USGBC 的策略布局既没有错过市场发展机遇，又呼应了市场的需求，将 LEED 产品推向更广泛的应用。此时，美国能源部建筑科技办公室向 USGBC 提供了启动资金，资助 LEED 2.0 试验性计划、LEED 参考指南的编写以及最初的 LEED 培训课程。在这项资助下，LEED 巩固了实施的基础，并得以进一步全面发展。

USGBC 作为非营利机构，为了保证项目的公平、公正，所有的认证审核业务由全球知名的独立第三方机构完成。

2. LEED 评分标准体系

LEED 评分标准体系涵盖了以下 6 个方面。

(1) 可持续场地选址：满足位置、规模和对周边建筑物的其他影响。

(2) 供水效率：节约室内外用水、雨水收集处理再利用(中水利用等)。

(3) 空气和能源：体系里最详细的部分，设备的安装、监控和检测(制冷系统、照明系统、供暖系统等)、可再生能源的使用情况。

(4) 资源和材料：本土的、可循环可再生材料的使用状况，减少材料用量。

(5) 室内空气质量：将新鲜空气和日光有机混合，减少室内有害气体。

(6) 创新和设计过程：可嘉奖上述任何一类别，或者一个有效的、新颖的、取得示范性成效的技术。

3. LEED评估级别

LEED是以性能表现为评估标准，即每个得分点的获得取决于建筑物在某方面的性能表现，而与达到这个表现背后所采用的技术无关。

一个申请项目如果满足了所有评估前提条件的要求，那么，LEED的评估结果则按照评估要点和创新分的满足情况，分为以下四个级别：

认证级：满足多于40%的评估要求；

银级：满足大于50%的评估要求；

金级：满足大于60%的评估要求；

铂金级：满足大于80%的评估要求。

4. LEED认证的技术价值

LEED认证体系对于建筑的评价并不简单地停留于定性分析，而是根据如美国采暖空调工程师学会(ASHRAE)标准的深入定量分析；

LEED体系使过程和最终目的更好地结合，正是由于LEED认证体系的这种量化过程，使得建筑设计和建造过程更趋于可控化和可实践性。

LEED评估体系在市场中是自愿性的、市场推动的、按照能源和环境基础构建的，它实现了实践与原理间的平衡。LEED针对的是愿意领先于市场、相对较早地采用绿色建筑技术应用的项目群体。LEED认证作为一个权威的第三方评估和认证结果，非常好地宣传了绿色建筑的益处和更高的投资回报，对于提高这些绿色建筑在当地市场的声誉以及取得优质的物业估值非常有帮助，使绿色建筑的实际价值得到提高，从而区别于其他同类产品。这样形成一个良性循环，从而推动了建筑市场的转型。

1.4 绿色建筑节能技术

1.4.1 绿色建筑节能技术措施

1. 合理布置建筑布局

绿色建筑节能是建筑设计和设备节能的综合，初期的建筑设计为用能设备奠定良好的基础，对减少建筑能耗负荷有着重要影响。当建筑周围的物理环境确定后，建筑设计节能就主要依赖于建筑布局来减少建筑能耗。建筑外形、朝向等会对该建筑的能耗有着很大的影响，如建筑体形系数就是一个很重要的影响因素，合适的建筑体形系数会大大减小建筑能耗负荷，减少用能设备的使用。不同功能的建筑设计中，对于体形系数的要求也是不一样的，住宅建筑更偏向于选取较小的体形系数，而公共建筑则应该选择较大的体形系数。

2. 有效控制室内环境

维持室内环境的稳定占据建筑能耗的很大一部分。绿色建筑通常采用自然通风、自然采光等被动式设计，整体化、系统化地优化室内用能系统来维持室内环境的稳定性和舒适性。从科学的角度出发，将用能设备的使用技能有机地结合和完善，系统化地降低建筑的能量消耗。如优化暖通空调，让暖通空调系统自动根据室内环境控制系统的运转，目前为止，节能效率最高的是集散式控制的绿色建筑系统，最高能够降低能耗 30%。又如昼光照明技术，普通建筑照明也占建筑能耗的较大比例，据统计，商场每年照明用电就能占建筑总能耗电量的 30%以上，同时照明发光制热可能会加大空调制冷设备的能耗。昼光照明通过一定方式将太阳光引入室内，进行合理分配，实验研究数据表明，昼光照明能够改变光照的强度、均匀度、饱和度以及视觉感受等，有益于提高室内的光环境的舒适性，适合广泛应用于绿色建筑中。

3. 利用可再生能源，提高能效

可再生能源为绿色建筑发展提供了重要支持，我国太阳能资源较为充足，全国有 2/3 的地区日照时间超过 2500 小时，为我国的太阳能能源利用奠定了很好的基础。目前为止，太阳能空调、太阳能热水器、太阳能发电等被广泛应用于太阳能建筑、光伏一体化建筑中。

同时，作为人均淡水量仅为世界平均水平的贫水国家，充分利用水资源是必须考虑的问题，绿色建筑中对雨水进行回收处理，用于冲洗等，对建筑节能有着重要意义。

4. 利用植物调节气候

立体绿化的建筑，其外表皮温度会比街道处环境温度低 5℃以上，冬季时候热损失则可降低 30%。建筑南向种植落叶植物，夏天时密集的树荫能遮挡住太阳直射，秋季落叶后的冬季，便于建筑物被动式的太阳能利用，室内靠窗部分的光照强度还会因为室外树木的存在降低。种植的树木、草皮、灌木等可以减少地面反射，同时起到改善建筑周围微观气候的作用。此外，高层建筑设计中还可采用屋顶花园或屋顶水池帮助建筑节能。

1.4.2 相关建筑节能设计因素

建筑的耗热量主要与以下七个因素有关：体形系数、围护结构的传热系数、窗墙面积比、楼梯间开敞与否、换气次数、朝向、建筑物入口处设置门斗或采取其他避风措施。

1. 建筑体型设计

选用建筑最佳“节能”体形设计是建筑节能的先决条件。在《民用建筑节能设计标准》，建筑的体形系数指的是建筑与空气接触的面积与建筑包围面积的比值。建筑体形系数反映了建筑空间的复杂程度和建筑外围护结构的面积情况。体型越复杂，传热面积越大，建筑的能耗也就越大。所以，建筑的体形系数是建筑耗热量评价的一个重要影响因素。同时，建筑间距、建筑朝向、建筑布局等对于建筑体形系数也有着重要的影响。

对于节能效果，建筑的体形系数并不是越小越好，而是存在一个最佳节能体形系数。矩形建筑的此项系数与建筑物的层高、体量无关，与天气、建筑热工特性和建筑平面长宽比有关。为了达到理想的节能目的，建筑专业应该重视空调专业的设计。

2. 围护结构设计

外墙是围护结构之主体，为了在达到隔热、保温效果的同时减轻荷载，一般使用轻质高效的保温材料。在寒冷地区，有这些常用的墙体做法：黏土实心砖和空心砖复合墙体，黏土空心砖和实心砖岩棉夹心复合墙体，页岩陶粒混凝土空心砌块等。不过，问题很多，节能效果往往达不到标准的要求。围护结构的材料可以布置在内侧或外侧，即使在寒冷地区同一气候条件下，由相异材料布置的墙体的保温效果也会不同。保温层更推荐设置在外侧，可以防止墙体内冷凝水的产生。

混凝土空心砌块在国外被普遍推广应用于高层建筑围护结构的保温，美欧一些国家有许多前沿经验。如：波兰研制的咬合式保温砌块，美国的TB型保温隔热复合砌块，二者可组合成320mm厚墙体，将高效保温材料填入空心砌块。在一些欧美国家里，一半左右的建筑都采用多种形式的混凝土空气砌块，其有一定的强度，保温效果好，使轻质复合材料墙体的一些弊端得以避免。

屋面作为外围护结构的一部分，其隔热保温的作用也需被考虑。现在一般使用的屋面是倒置式的屋面，颠倒传统屋面构造，将防水层放在保温层下面来提高屋面的隔热保温性能，这样可以在夏季提高抵挡室外热作用的能力，大大降低空调能量消耗；近些年，南方很多城市对建筑实行屋面的绿化以降低建筑能量消耗。

3. 门窗的保温隔热

我国的建筑保温隔热性能相对于世界各国还是比较偏低的，对于幕墙结构等建筑而言，建筑能耗最大的往往是建筑的外窗。如果我国的建筑保温技术要有大的发展，必须在建筑的外墙、外窗、屋面和地面等等外围护结构上采取一定的节能措施。

在建筑结构中，门窗的保温隔热能力比墙体和屋顶的保温隔热能力差。通常外门窗的渗透耗热量在全部耗热量中所占比例达到50%。由此可见，保温的薄弱环节是外门窗，它同时也是节能的重点部位。为提高门窗的保温隔热性能，我们可以通过采取提高门窗的气密性、采用适当的墙窗面积比、增加窗玻璃层数、采用百叶窗帘、窗板等措施。

4. 建筑位置及朝向设计

阳光对建筑物节能也有着极其重要的意义。日照原理应用于寒冷地区的城市规划中，通过合理地安排建筑位置和朝向，使建筑物尽可能多地接收太阳辐射热能，所以，建筑物位置与朝向与节能息息相关。建筑物所获太阳辐射热量和热损失根据朝向和季节的不同而不同，特别是冬至前后，太阳高度角小，从而房间会接收到比夏季大得多的太阳光线面积。环境情况在确定建筑物方位的时候应首先考虑，根据太阳高度角做出日影像图，从而获得冬季每日的日照时间，建筑南向开窗面积尽可能大，在满足采光条件下，东向和北向的窗尽可能小，这样可减少热损失，获得更多太阳光线，维持一个舒适的室内温度环境。

5. 建筑自然通风

建筑物有较理想的外部风环境，大立面面向夏季主导风向，小立面面向冬季主导风向，建筑物表面形成足够的压力差，是利用风压进行自然通风的理想条件。在进行总体的规划时，还能通过设计景观、附属结构和道路等将风向引导至主要建筑，来降低温度，或使建筑物通过避开风来减少热量损失。

1.5 绿色建筑优秀案例

1.5.1 西德威尔友盟中学

西德威尔友盟学校校址位于华盛顿哥伦比亚特区以及马里兰州的贝蒂斯达。该项目达到了由美国绿色建筑设计委员会(USGBC)颁布的美国能源与环境设计先锋奖(LEED)铂金奖标准，这也是目前可持续建筑的最高标准，西德威尔友盟学校是第一座达到该标准的 K-12 学校建筑(图 1-5)。

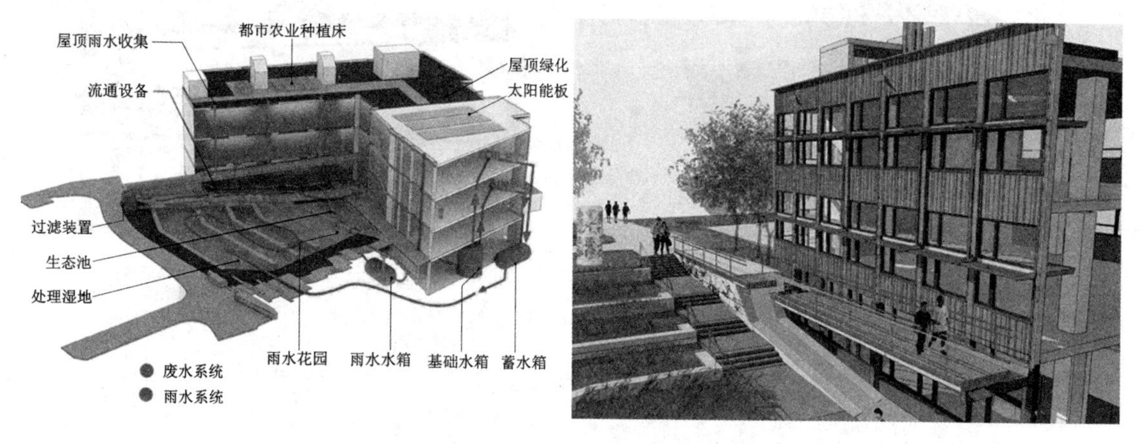

图 1-5 美国的华盛顿哥伦比亚特区西德威尔友盟中学

本着为每一名学生创造具有社会伦理、环保意识的环境，该中学的改造设计注重通过高质量的建筑体现自然和机械系统的彼此相融合。绿色建筑设计原则贯穿设计始终，校园的景观设计也充分体现了学校委员会对教育组织环境保护承诺的履行。

建筑立面上设置一体化的遮阳板，优化日间采光，平衡建筑的热能状况。学校的教室使用自然光为主要采光光源。辅以高效能的荧光灯照明设备。室内日间照明设施可根据光电管自动调节，感应器与光电管相连接，从而最小化建筑内的电能利用。

建筑增建部分和现有建筑三层部分外墙都覆有预制的木质外包板、日光板和高能效可开启窗(图 1-6)。建筑内设置太阳能烟囱辅助自然通风，从而减少人工制冷的能耗(图 1-7)。充分利用中央空调系统减少机械处理室外空气，同时通过能量收集系统来减小机械制冷/制热的能源消耗。

图 1-6 节能窗

校园边构建的保护池处理并回收建筑内部全部污水，进行中水再利用，使市政污水处理系统可减少 94%的处理量。西德威尔友盟学校项目重建了校园与当地地质、水系以及自然环境间的联系(图 1-8)。

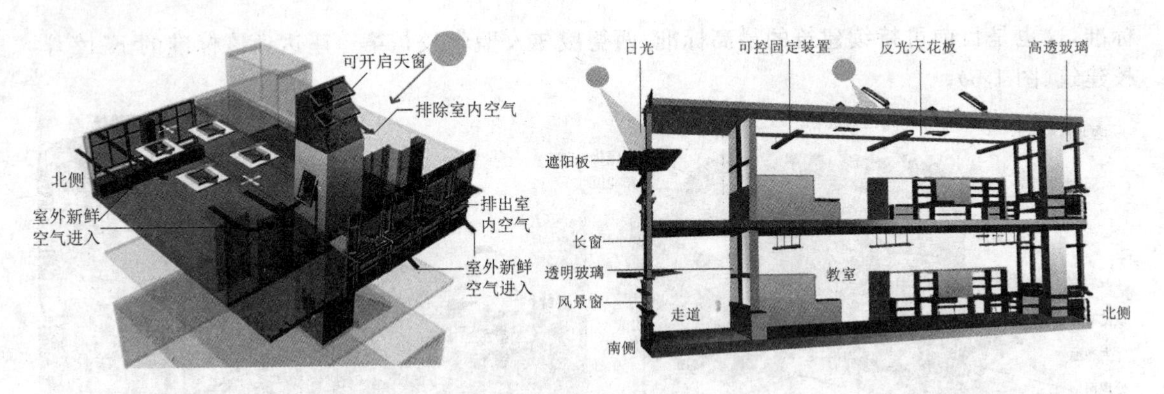

图 1-7　建筑通风系统

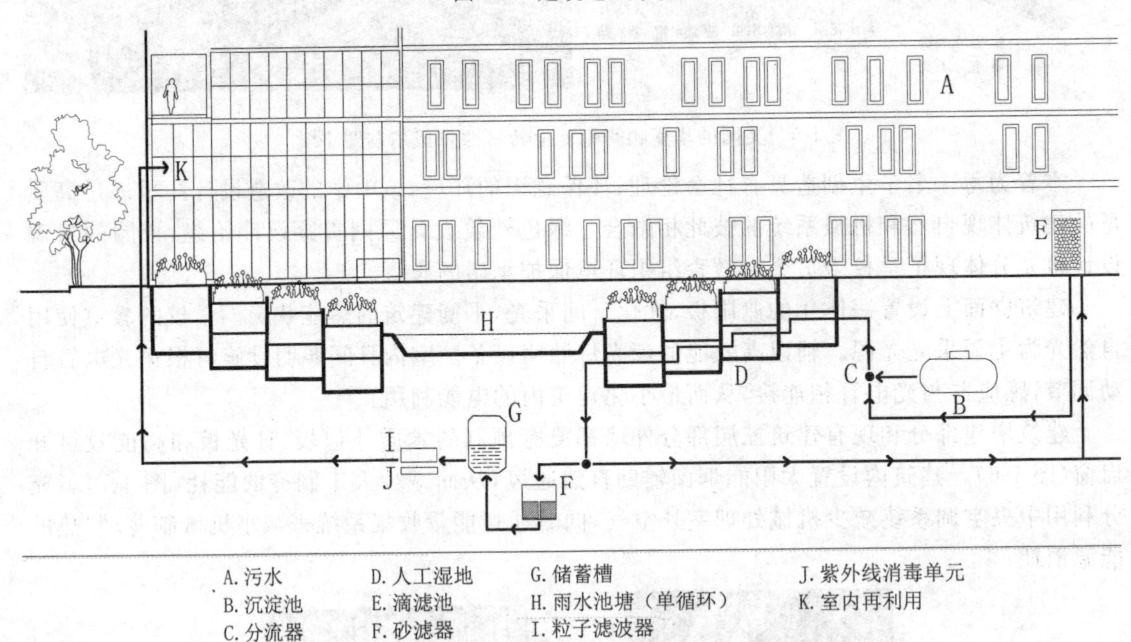

A. 污水　D. 人工湿地　G. 储蓄槽　J. 紫外线消毒单元
B. 沉淀池　E. 滴滤池　H. 雨水池塘（单循环）　K. 室内再利用
C. 分流器　F. 砂滤器　I. 粒子滤波器

图 1-8　水处理系统

屋顶种植面对雨水的收集和处理减少了雨水的流失，同时增强了建筑和自然水系之间的关系。一系列的排水口、排水槽、流水管和溢水管将雨水直接导入生物处理池，雨水灌溉花园成为当地自然环境的有力支持。同时，种植屋面比传统屋顶更为有效地减轻“热岛效应”的影响。中央能源设备为整座校园服务，高效利用和控制能源，并为学生们提高能源意识提供了良好的教材（图 1-9）。

景观设计方面，在校园中引入了 80 多种当地植物，旨在适应如橡树、榉树和湿草等当地植物的生长。

项目建设中使用的材料得到回收、再利用和迅速再生，或者取材自当地，如回收建筑立面板，利用回收的红松发酵桶制成的建筑外层板、绿芯地板，用巴尔的摩港木桩制成的平台板，以及用于建造保护池和其他步道和墙体的全部石材。室内装饰选用可高效回收、低 VOC 并能够快速再生的材料，包括亚麻油（地）毡和竹质饰面板。在建设过程中，其他废弃物被运送到工地外的地方进行分类处理以减少工地内填埋的工程量。

图 1-9　屋顶光伏太阳能板

1.5.2　美国加利福尼亚科学院

美国加利福尼亚科学院位于旧金山金门公园，2008 年改建科学院，以期使之成为世界上最先进的科学文化机构。新科学院融新型节能建筑与新型陈列展示空间于一体，鼓励参观者探索和保护大自然。新科学院将包括水族馆、天文馆和自然历史博物馆。

新的美国加利福尼亚科学院与周围环境更协调自然地融为一体(图 1-10)。新建筑中运用的节能、环保建筑技术为可持续发展的城市建设设立一个新的标准。在设计和建造的方方面面，设计者都努力使建筑达到美国绿色建筑协会颁布的 LEED 评估体系的最高奖——铂金奖，并成为可推广的绿色公共建筑的典范。其采用的绿色建筑技术措施如下。

图 1-10　加利福尼亚科学院

(1) 提高能效。科学院新建筑比法规要求的能源消耗量减少 30%，屋顶敷设的 6 万块太阳能电池，每年将提供大约 21.3 万 kW · h 的清洁能源(可满足科学院建筑能耗的 5%)，同时可以减少 40.5 万磅温室气体的排放。种植屋面为建筑顶层提供的隔热层防止夏季屋顶过热，从而减少空调能耗。反潮湿渗透系统可以在减少 95%控制空气湿度能耗的同时，保证室内藏品处于恒定的湿度水平。

(2) 高效节水。绿植屋面可以至少减少50%的雨水流失(每年约为两百万加仑的水资源)。利用再生水冲洗卫生间减少了90%饮用水运输过程中的浪费。饮用水的使用量也将低于标准值22%。水族馆的海水来自太平洋,经过天然系统处理的海水也将被回收再利用。

(3) 自然采光与通风。新科学院建筑充分利用了简单的传统技术,包括自然采光和通风。90%以上的建筑常用空间拥有自然采光和景观,有效减少了人工照明的电能消耗和产生的散热量。人工照明随外界光线变化自动调节,因而保证了电能消耗总保持在最低水平。建筑圆顶上的开洞在建筑内部形成烟囱效应,使冷空气从外部吸入,热空气从顶部排出。在办公室内还设有可手动控制的窗。

可循环再利用的建筑材料。科学院旧建筑体爆破后的废弃物全部回收再利用。9000吨的混凝土爆破物全部用于里齐蒙得道路的建设,12万吨的钢材回收后送至史尼泽钢铁公司再利用,基地上其余120吨的绿色废弃物也得以回收。建设工程中使用的木材50%以上仍能够继续生长,并且获得了美国森林管理委员会(the Forest Stewardship Council)的认证。

1.5.3 2010上海世博会场馆

1. 中国馆:绿色地标

中国馆(图1-11)在建筑形体设计、节能照明系统和制冷技术等方面考虑减排降耗。在建筑形体的设计层面,力争实现单体建筑自身的减排降耗。在建筑表皮技术层面,充分考虑环境能源新技术应用的可能性,如所有窗都使用低耗能的双层玻璃。中国馆制冰技术的应用大大降低用电负荷,建筑的节能系统使能耗比传统模式降低25%以上。

图1-11 世博会中国馆

中国馆采用雨水收集系统,可以收集自然界中的雨水用来灌溉植物和清洁道路,实现雨水的循环利用。此外,在中国馆的南部,设计师建造了一片人工湿地,采用了人工湿地技术,既达到了美观的要求,也可以利用人工湿地来吸收建筑周围的灰尘、颗粒等,达到环境清洁效果。

中国馆在通风性能、太阳能技术利用方面实现节能环保。中国馆不仅通风性能良好,还采用了太阳能技术,在建筑顶部、外墙上都装有太阳能电池,为中国馆照明用电进行供给。

2. 世博轴:让阳光倾入地下

图1-12 世博轴"阳光谷"效果图

世博轴利用"阳光谷"和下沉式花园打造绿色地下空间(图1-12)。六个巨型圆锥状"阳光谷"分别分布在世博轴的入口及中部,它们的独特形态帮助阳光自然倾斜入地下,既利于提高空气质量,又能节省人工照明带来的能源消耗。

世博轴通过生态技术调节温度,展现冬暖夏凉的宜人特点。地源热泵是一种利用地下浅层地热资源，既可供热又可制冷的高效节能空调系统，世博轴设计巧妙利用巨大公共通道下面的桩基及底板铺设了700公里长的管道，形成地源热泵。利用世博轴靠近黄浦江的优势，引入黄浦江水作冷热源，用生态绿色节能技术营造舒适宜人的室内环境。

利用环状玻璃幕墙实现雨水收集与循环自洁。与其他场馆的雨水收集概念相类似，每个“阳光谷”形似广口花瓶的环状玻璃幕墙，除了形成良好的透视效果，还可用于雨水收集。大量雨水被储存在地下室，经过层层过滤，不仅可以自用，还用于周围其他场馆的绿化灌溉与清洁。

3. 主题馆：科技新秀

主题馆除了在设计中利用建筑外墙与屋面实现良好的保温、通风与采光外，还利用多种先进绿色技术实现建筑节能(图 1-13)。

图 1-13　主题馆

利用太阳能屋面进行节能发电。主题馆屋面太阳能板面积达 3 万平方米，年发电量可达 250 万 kW·h，采用并网发电运行方式，将太阳能发电传回城市电网中，每年减少二氧化碳排放量约 2500 吨。

主题馆通过在建筑的垂直面种植植物形成生态绿化墙面，不仅很好地达到了美学要求，还有效调节了室内温度。在炎热的夏季，绿化墙体形成一道很好的隔温墙，阻挡了太阳光的辐射，有效保持了室内的低温；在寒冷的冬季，绿化墙体可以更好地吸收紫外线，同时阻挡室内热量的散失。根据现有面积来看，主题馆的建筑绿化面积达到了世界之首。

4. 世博中心：充满智慧的绿色建筑

绿色、节能、环保是世博中心建筑设计的宗旨。设计师通过朴素而有效的技术手段，对能源、水消耗、室内空气质量和可再生材料的使用等多方面进行控制，使世博中心成为一座充满智慧的绿色建筑(图 1-14)。

图 1-14　世博中心效果图

世博中心采用雨水收集系统实现节水。屋面的雨水被收集起来用于道路冲洗和绿化灌溉，并通过绿地和渗水材料铺装的路面、广场、停车场等进行雨水蓄渗回灌，尽可能充分利用水资源。

同时，世博中心通过运用多种被动式节能技术，最大程度上实现建筑节能。建筑外墙设有遮阳系统，在炎热的夏日，可以阻挡部分直射阳光，减少过多热量进入室内，减少能耗，创造舒适的室内环境。此外，低温送风系统、冰蓄冷系统等设计，降低了空调的运行能量，保证了室内空气质量，达到节能目的。

世博中心在设计各方面践行环保理念，采用全钢结构，施工速度快、能耗小，施工作业对周边的污染小；建筑材料选择使用新型环保的节能材料；建筑外墙采用玻璃结合铝板、陶板、石材等形式不同的组合幕墙，呼吸式玻璃幕墙系统(又称双层幕墙或热通道幕墙)和低辐射中空玻璃等新一代产品的运用，满足了人们在室内对充足阳光和清新空气的追求。

第2章　建筑风环境

2.1　建筑风环境概念

1. 风环境

风环境(Wind Engineering)研究的是大气边界层内的风与人类在地球表面的活动及创造的物体之间的相互作用,是空气动力学与气象学、气候学、结构动力学、建筑工程、桥梁工程、能源工程、车辆工程和环保工程等相互渗透和相互促进而形成的一门边缘学科。

对风环境问题的研究,在国外从20世纪60年代中期即已开始。在不少国家设有专门的研究中心,例如英国的建筑研究中心(BRE)、加拿大的大气边界层风洞实验室(BLWT)、澳大利亚的墨那西大学的机械系、日本东京的结构技术研究所、美国的科罗里达州立大学的流体力学和扩散实验室等。目前风环境问题的研究已发展成为工业空气动力学的一个重要分支学科。世界风工程协会(The International Association for Wind Engineering)把风环境作为一个分支学科在其学术讨论会上进行过学术讨论。

2. 建筑风环境

建筑风环境是研究空气气流在建筑内外空间的流动状况及其对建筑物使用的影响。建筑风环境问题从概念上来讲由三个主体组成,即风、人、建筑钝体。这三者之间相互作用构成不同方面的几对矛盾,使得要研究建筑风环境需要从以下几个方面入手。

(1) 风与人之间的关系,它属于风环境心理学领域,表现为各种风环境状况对人的行为及进一步在心理上产生的影响。典型的研究问题有以下一些:

a. 风环境中的哪些指标会影响人对环境的舒适感(风速、湍流度等其他物理因素);

b. 各种指标的大小与人的不舒适反应程度的关系;

c. 各种指标的重要程度次序和适用范围。

(2) 人与建筑的关系。这是一个非常古老的领域,已经发展成目前非常成熟的建筑学。在风环境研究中它主要体现在:如何使得被建筑功能定义的人群活动空间避开恶劣的建筑风环境空间,同时又不影响建筑物使用功能的本身,甚至通过合理的措施根本消除当地风环境可能产生的问题。

典型的研究问题有以下一些:

a. 有哪些措施可以满足人们建筑功能的使用要求,同时改善风环境状况;

b. 建筑周围哪些区域是人流频繁使用的,如何保证或改善这些区域的风环境条件。

(3) 风与建筑钝体之间的关系。主要研究各种形态、各种布置方式的建筑钝体和建筑群在不同风向情况下所产生的风环境流场状况,特别研究哪些情况会造成恶劣风环境,以及这些恶劣风环境区域的具体发生位置。

典型的研究问题有以下一些:

a. 不同截面形状的建筑物对风环境的影响;

b. 恶劣风环境区域位置与建筑尺度的关系;

c. 建筑群体布置方式对风环境的影响。

2.2 风环境与绿色建筑设计

人类社会发展史上每次大变革都源自科学技术的重大飞跃，先进的科学技术带来了更高的生产率，也带来了崭新的生活方式。同时，由于人们对于自然规律的漠视，也带来了一系列影响人类社会生存发展的问题。建筑领域绿色革命和可持续发展的问题已引起世界范围的关注，其原因在于生态环境的恶化不仅阻碍了人类社会的发展，还直接威胁着人类今天的生存。正是在这样的背景下，建筑风环境这一古老而崭新的课题又重新受到人们的重视，并且有了新的进步和发展。

建筑风环境不仅能够直接影响地面活动人群的感受，从而左右公共空间的品质，同时也能影响空气质量及建筑能耗，关系到绿色城市的发展。对建筑单体良好的设计，对建筑群体良好的规划，确保建筑周围及建筑物内部具有良好的建筑风环境已经显得非常重要。在低碳生态城市的规划建设和绿色建筑发展中，也应当把风环境作为一项不可忽略的指标进行控制。建筑风环境研究对绿色建筑发展有着重要的意义。

1. 利于安全及健康因素

出于安全性及风害问题的考虑，建筑风环境研究避免建筑设计中形成复杂的风环境状况，对存在风环境问题的局部区域提出改进方案，减少安全性问题的不利影响。另一方面，保证建筑中自然通风，避免建筑过度依赖空调而造成室内空气的混合使用，提高了空气质量，降低了空气传播传染病的几率和人的健康存在风险。

2. 满足人的舒适性的需求

建筑气候适应性的三个标准：人体舒适性、节约能源及健康。在风环境与人的关系中，通风与避风对人的舒适性影响很大，对于室外风环境，设计师们应该避免不好的建筑风环境中风场形成的阻力给来往人们造成的不良影响；而对于室内风环境，室内气体的排出和良好的通风都受到建筑室内风环境的影响。良好的室内外风环境设计对于提高室内舒适性需求和保障人们日常生活、身体健康是很有必要的。

3. 利于建筑节能

建筑风环境研究有助于建筑充分利用建筑自身及其相互间的关系使建筑与区域环境有顺畅的通风，根据当地气候特点、建筑结构特点等来选择自然通风设计具体形式，减少对利用电能的机械设备的过度依赖，有效降低建筑能耗。风环境对于建筑室内供暖制冷设备的能耗有着重要的影响。在炎热的夏季，如果室内能够采用被动式通风技术，在无需制冷空调设备消耗电能的情况下，就能达到室内热环境舒适性的要求，那建筑的整个能耗量将会大大减少。而在寒冷的冬季，如果建筑的屋顶和门窗能够根据季节进行调整，在吸收太阳辐射得热的同时，还能够减少外界空气的侵入，防止室内外空气热交换，那么，室内的取暖设备也将达到低能耗甚至零能耗的效果。

4. 利于建筑适应气候设计

建筑风环境研究可以提供风环境情况评估的方法和资料。对于拟议中将要兴建的城市小区的建筑设计或规划布局方案提供风环境资料，并对其可能出现的风环境情况进行估计，以判断设计方案的可用性，对建筑设计方案的风环境情况进行风洞模拟研究。当设计方案或某些高层建筑物建造起来后出现了风环境问题时，根据对各种流动控制器研究的结果，提出改进风环境情况的措施。

2.3 建筑风环境相关问题

建筑风环境是一个跨多学科的综合学科，涉及建筑设计、城市规划、环境学、生态学、能源等学科。气候对于城市规划、城市空间及城市建筑都有着重要的影响。如果在建筑设计初期，没有考虑城市气候和建筑风环境，那么将会对后期的建筑设计和城市规划造成很严重的影响。不仅对建筑的功能造成影响，还会危害建筑使用者的身体健康。更为严重者，在恶劣的天气下，强风会引发风灾，人们的生命安全和财产安全将会损失严重。这些风环境问题主要表现在以下五个方面。

(1) 峡谷效应。随着城市化建设的不断发展，城市建筑的密集度也达到了惊人的数字。当空气流过狭小的窄道，局部会出现强风，给建筑下行人和行车带来不便，甚至会影响到行人的生命安全。这种效应即称为峡谷效应，其对于高层建筑的影响更加明显，严重时，可将高层建筑的玻璃幕墙掀起，给高层建筑造成难以想象的危害。

(2) 分离涡群。大气边界层的风场经过不同高度的建筑时会形成不同频率的分离涡流群。这些涡流群因为频率不同而会相互形成干扰，组成更加复杂的涡流群，对建筑的危害十分严重。轻微的会影响到建筑室内的舒适度，严重的会影响到建筑结构和行人的安全。

(3) 空气涡流区。城市人口不断增加，而城市容量有限，最终导致城市空间中的建筑过于密集，建筑群体中不仅仅存在狭道，在建筑群体之间某些区域内有可能形成“死区”，这里的空气不易与外界空气交换，从而导致这些区域中空气污染物浓度较高。

(4) 强烈影响气候。改善城市的自然风环境，是建立良好的城市微气候的重要方面。建筑布局对建筑周围微气候有着重要影响，城市的热岛效应、城市的街道风等现象的产生就与建筑布局有着密切关系。良好建筑风环境的前提条件是合理的建筑布局和建筑节能技术。合理规划建筑形式与位置以改善城市小气候，组织有效的建筑自然通风等措施，是实现城市可持续发展的基本前提。

(5) 建筑能耗问题。建筑风环境不良，还影响着建筑节能，在夏季可能阻碍建筑室内外自然通风的顺畅进行，增加空调的负荷；在冬季又可能会增加围护结构的渗透风而提高采暖能耗。因此，设计良好风环境品质的建筑能有效地降低建筑能耗。

2.4 建筑风环境研究范围

有关建筑风环境的问题，各国学者进行了长期的研究，并取得了一些令人满意的结果。然而，由于问题本身力学行为的复杂性和学科交叉性，使得要真正全面掌握问题的机理性质并加以控制改善，还需进一步的研究。目前，该领域的研究工作可大致分为以下两个方面。

1. 基础研究领域

(1) 风舒适性评价准则研究；

(2) 理想建筑钝体模型的风洞试验研究；

(3) 建筑风环境相关的实验方法研究；

(4) 建筑风环境相关的数值计算研究。

2. 应用研究领域

（1）实际高层建筑的风环境预估及评价；

（2）恶劣风环境改善措施研究；

（3）风环境法规的制订。

本书基于建筑风环境风洞试验方法和数值模拟方法，研究了风环境在建筑设计中影响，主要表现为以下三个方面。

风环境在建筑设计中的应用。分别从建筑选址、建筑群风环境、单体建筑风环境、高层建筑风环境及风环境导向的城市地块空间形态设计介绍了风环境在建筑设计中的影响。

高层建筑抗风设计。分别从风荷载、建筑响应、建筑变形及舒适度等方面介绍高层建筑抗风设计的有关原理、要求及方法。此外还对高层建筑抗风概念设计进行了探讨。

风洞试验技术。从风洞试验基础、相似判断和相似理论等方面介绍了建筑风洞试验的理论基础，并探讨了建筑风洞试验的建立、荷载分析及大气边界层模拟的相关问题。

2.5 建筑风环境研究内容

建筑风环境主要从城市风环境、居住区风环境和行人高度风环境三个层面进行研究。

1. 城市风环境

城市风场受城市发展影响，早在1909年克雷姆斯尔就注意到随城市建设发展，市区风速逐渐降低，在对柏林某观测地风速进行连续20年的测量中，周围建筑的平均高度增加不少，平均风速在第2个10年比第1个10年降低了24%左右。另一个城市化影响风速的例子来自意大利北部波和平原的帕玛(Parma)，随着城市迅速发展，其市区年静风日数为55%，在机场地区仅为48%，在冬季，市区静风日数上升到82%，而机场为64%。在冬、春季节，市区的风速均较机场地区低，春季风速降低了44%，夏季降低了28%，并且每一个方向的风速均呈现出均匀下降(表2-1)。

表2-1　意大利帕玛连续3个10年中平均风速的变化　单位:m/s

时间段	1月	4月	7月	10月	年平均
1938—1949年	0.5	1.8	1.8	1.0	1.3
1950—1961年	0.5	1.4	1.4	0.7	1.0
1962—1973年	0.3	1.0	1.3	0.6	0.8

风场同时存在着日变化。在靠近地面的气层中，一般是白天风速增大，到14:00—15:00时风速达最大，夜间风速减小。在边界层的上层则相反，白天风速减少而夜间风速增大。引起风速日变化的原因主要是由于白天日出后，引起大气层结构不稳定性增强湍流加强，到中午后达到最强，此后逐渐减弱。在湍流交换作用下，上层空气的动量下传，使上层风速减小，下层风速增大。夜间大气稳定度加强，抑制了湍流的输运，使上层风恢复到原来的状况，下层因得不到上层动量的传递，风速减小。

通过观测结果的综合分析，可以确定在城市覆盖层内的风速一般比上层小，但由于参差交错的下垫面建筑，其风场相当复杂。城市中风场的垂直变化因城市边界层结构、下垫面的粗糙度及季节的变化而异，因此市区与郊区风场的垂直结构是不同的(图2-1)。

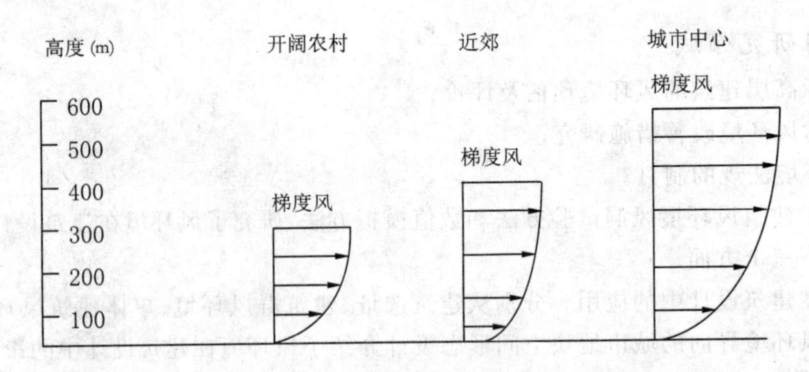

图 2-1 不同地面粗糙度形成的不同低空风速

2. 居住区风环境

伴随着社会的发展和生活水平的提高,居住环境设计日益受到人们的重视。在设计中常考虑与居住生活的生理和物理条件相关的因素,如日照、通风、朝向和噪声等方面,其中建筑周围风环境对居住区环境设计有着重要影响。

对建筑室外气流流动的路线进行分析是实现环境卫生必不可少的。室外通风状况的好坏影响到居住区内部的污染物能否及时地排出和稀释,在空气中污染物的扩散是靠风的传送和湍流的扩散作用进行的,而在建筑密集的区域,一方面风场发生了变化,湍流作用很强;另一方面,污染物排放后即受到建筑的阻挡,会发生盘旋回流现象,使扩散速度减慢,这样就造成局部污染浓度的增高。通过合理地调整建筑布局和污染源的位置,可以有效地减少污染区域,从而获得良好的空气质量。所以在建筑设计的初期,设计师应该很好地掌握建筑周围的风场和空气流动情况。现场实测得到的数据可再次经过数值模拟来分析建筑周围的风环境,从而更简便快捷地调整建筑的体型和布局,使建筑的室内外环境均能满足舒适性要求。

获得良好的室内自然通风效果一直是建筑规划设计中考虑的重要因素之一。建筑内部的自然通风是由于建筑的开口(门、窗、过道等)处存在着空气压力差而产生的空气流动。利用室内外气流的交换,可以将室内使用者和设备产生的热量迅速排出室外,在潮湿地区可以有效排除室内的湿空气,同时还可以改善室内的空气质量,节约能源。造成空气压力差的原因有两个,热压作用和风压作用,热压取决于室内外的空气温差导致的空气比重差和进出口的高度。风压是由于风作用在建筑物上由于各部分风压不同而产生的压力差,在夏季,一般的多层或者高层建筑中,热压的影响相比较风压而言小得多,因此往往可以予以忽略。影响建筑开口处风压的因素有很多,如建筑的体型、来流风速及其与建筑的夹角、周围其他建筑影响、建筑内部房间的设置和开口位置大小等。通过对居住区空气压力场进行分析,就可以预测各栋建筑的自然通风效果。

在居住区创造舒适的生活、居住、休闲活动场所离不开对建筑风环境的分析。风环境对人的影响考虑主要有对人的行为的影响和对人的热舒适感的影响两个方面,风可以使人感到愉悦,也可以让人产生不舒适的感觉,如在炎热夏季的凉风让人产生爽快的感觉,而冬季凛冽的寒风却让人退避三尺。因此,根据各种不同功能的活动区域人们对风环境的反应的差异,进行合理的布置划分功能分区是实现舒适的一个重要环节,在夏季为人们提供一个习习凉风的活动场所,而在冬季为人们的户外活动遮挡风寒。

实现居住区的安全离不开对风环境的分析。在建筑设计中,建筑风荷载常常是考虑的重点,需要考虑由于大风天气引起的灾难性后果,以及对户外人员造成的伤害(甚至在风速不太高的情况下也有可能发生这种灾难)。影响建筑间风环境的因素有很多,主要有建筑的间距、空间排列位置、建筑的体形、不同体形建筑的相对位置、当地的气象状况等。对室外风环境进行分析有助于提高规划设计的合理性,创造舒适安全的室外环境,如通过对规划方案的风环境评价可以确定居住区中是否存在风速影响人活动的区域,如果存在可以采用何种补救措施进行处理。

3. 行人高度风环境

室外风环境对人的舒适的影响主要表现在两个方面:对人的行为产生的影响、对人的热舒适性的影响。由于风引起的人身伤害事例增多,风环境安全问题也将成为关注的焦点之一。创造安全舒适的风环境需要建立起相应的风环境评价标准,以对建筑规划方案进行评价。

随着风速的增加人们会感到不舒适,通过在风洞中对行人举止的观察,得到风速与不舒适之间的关系:$V=6\mathrm{m/s}$,开始感到不舒适;$V=9\mathrm{m/s}$,影响动作;$V=15\mathrm{m/s}$,影响步履的控制;$V=20\mathrm{m/s}$,危险。

在实际应用中,常用舒适风出现的概率判断风环境的舒适性。根据相关研究,人不同行为下舒适性风速条件为:坐的状态,$V<5.7\mathrm{m/s}$;站的状态,$V<9.3\mathrm{m/s}$;行走状态,$V<13.6\mathrm{m/s}$。

当有80%的时间满足上述风速条件,同时,每年风速超过26.4m/s的次数不超过3次,就分别满足坐、站、行舒适性以及安全性条件。根据风环境舒适性判据,把风洞实验和当地的风统计特征结合起来,就能判定风环境是否满足坐、站、行的舒适性要求。

2.6 建筑风环境研究方法

建筑风环境的研究方法,目前主要采用现场实测、风洞实验室模拟及数值模拟计算。对已建成的建筑进行实测,以收集可贵的风荷载资料,供日后设计时参考或改造原设计之用。对于大气边界层风场,可以通过风洞中对模型进行动态测量试验获得。风洞模型试验和实测是以前建筑流场研究的主要手段,但都费时费力。计算流体力学(Computational Fluid Dynamic,CFD)模拟技术近几年来随着计算机性能的大幅提高和模拟技术的进步,越来越得到重视和广泛应用,并取得了不少的成果。作为有力的工具,数值模拟也已被用于建筑内外的流场研究中。目前,数值模拟技术还处于发展阶段,只有不断与风洞试验和实测的结果进行比较,总结经验,对各方面进行改进,才能使之更加成熟完善。

通过对建筑风环境的研究,能够在设计中提供一种基于气候的思维方法,在进行建筑设计实践时,以开阔的视野对建筑进行客观分析,针对特定的建筑风环境条件下建筑场地、材料、技术及形态布局的研究,形成一种系统化的设计方法。同时使得风环境评价标准的建立、绿色建筑评价体系的研究更加全面、完整,并增加一定的可操作性。

第3章 风环境在建筑设计中的应用

风环境是空气流在建筑内外空间的流动状况及其对建筑使用的影响，是建筑环境设计中的一项重要内容。在建筑设计过程中，基于当地的自然风环境，因地制宜地运用生态学、建筑学的基本原理和现代设计手段，合理布局、精心组织、巧妙利用，力求营造一个绿色健康的居住、生活和工作环境。本章将从风环境与建筑选址、建筑群风环境、单体建筑风环境、高层建筑风环境及风环境导向的城市地块空间形态设计等方面介绍风环境在建筑设计中应用。

3.1 风环境与建筑选址

在城市规划建设过程中，风作为一个不可忽视的气象参数，在建筑物布局的每个环节必须予以慎重考虑。在我国学者提出的盛行风原则中，城市中的文化区、居民区与游览区应布局在主导风向的上风方，而工厂则应布局在主导风向的下风方或风向频率最小的区域。

城市通风不良很多时候是由城市建筑规划不合理引起的，如布局封闭、外部空间安排不当等。规划不合理会使建筑群外围的风难以深入到建筑区域内部，再加上区内密集的商业、住宅、公共建筑会消耗大量的能源，在静风和微风的时候，城区内将处于窒息状态。在规划布局时，应当充分利用有利的气候因素影响，根据气候学原理分析建设基地的特定地形气候环境情况。这些有利因素有风资源、太阳辐射情况以及湿度情况。一般来讲，区域湿度差异由风资源和太阳辐射决定，因此，基地的总体设计多依照通风状况和太阳辐射来规划布局。基地风资源包括地区冬夏主导风向、强度等因素以及周围构筑物引起的风场变化和特定地形引起的地形风。基地气候热舒适性会受地形风很大影响。

在建筑的规划选址中，应选择良好的地形和环境，要避免因地形等条件所造成的空气滞留或风速过大。通过道路、绿地、河湖水面等空间将风引入，并使其与夏季的主导风向一致。如图3-1所示，(a)表示某城市在东南向有意识地留有一片菜田或绿化地带形成“风道”，将风引入市区；而(b)则表示居住区划分成若干建筑组群，它们之间布置绿化和低层公共建筑，以利将风引向纵深。

在居住区的建筑组合方面应采用建筑错列布置，以增大建筑的迎风面。高低建筑结合布置，将较低的建筑布置在迎风面；或住宅点状布置以缩小间距，有利通风设计。图3-2所示为某住宅区布置的实例，该地的主导风向是南风、东南风，住宅布置采取条状、点状相结合，并利用错列排列等方式处理。

其次，适当配置城市中表面温度不同的区域，如水面、绿地的应用，就是利用二者与建筑物的表面、铺装地面和马路等温差平衡的过程来产生气流。外部空间表面状态不同，相互间产生气流的难易程度亦不同。在城市规划中为了改善城市的热环境，必须重视水面和绿地的保留和扩建。就是这有限的绿地和水面若处理得不好，还不一定能充分发挥它们应有的效果。这里存在着一个如何与建筑布置有机结合的问题。城市中建筑形状和布局既要从景观考虑，又要考虑其使用功能，但不能忽视气候效应（日照、通风、换气、空气净化和温、湿度）。如图3-3所示，夏季和风从河岸徐徐吹来，当建筑物的底层处理为架空层时，则凉爽的和风可长驱宜人，

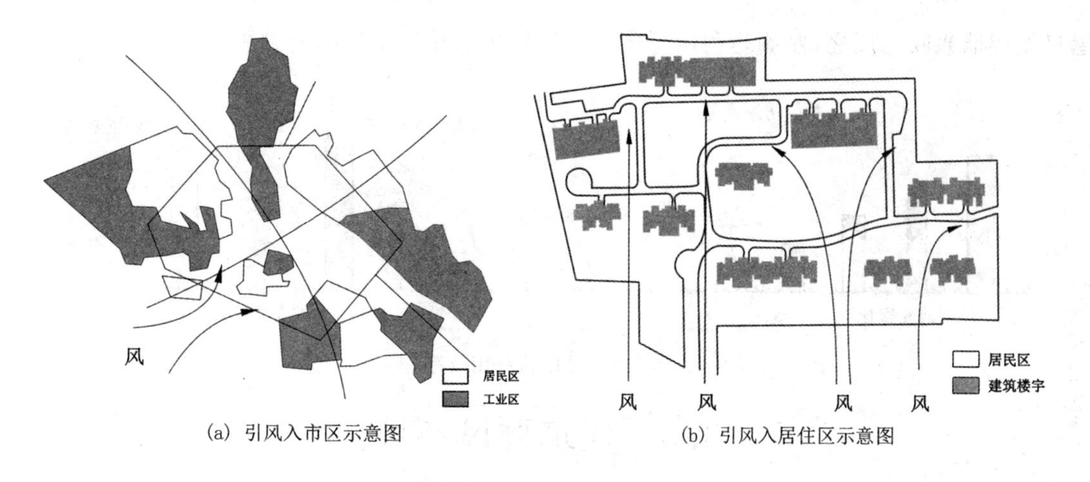

(a) 引风入市区示意图　　(b) 引风入居住区示意图

图 3-1　建筑规划上引风实例

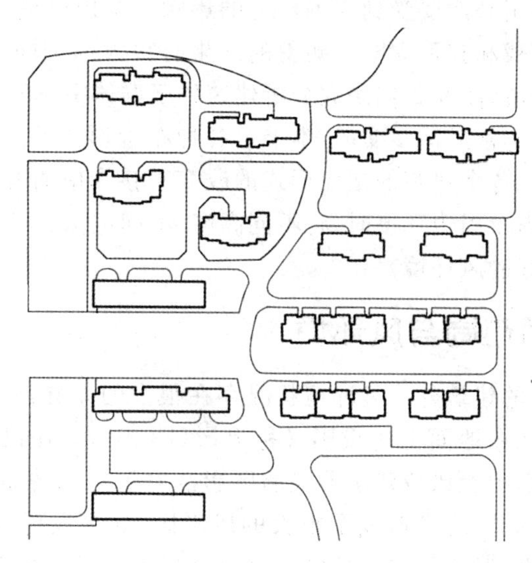

图 3-2　利于通风的住宅区的布置方式

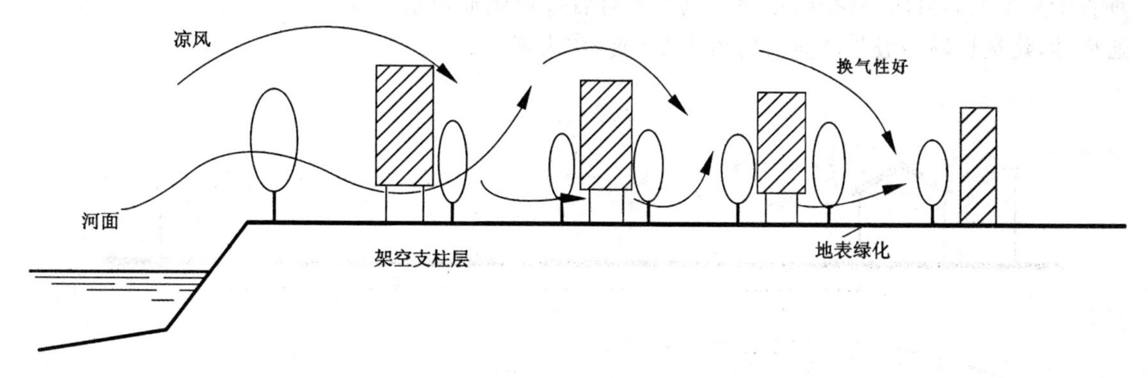

图 3-3　水面区域建筑的布局

使更远更广范围内的建筑物受到凉风的恩惠。在这种情况下，建筑间的植被形式还得加以配合，使之有利于通风。如若建筑物处理为一个不透风的立方体，那么，不仅住宅内通气情况会大大恶化，靠河的建筑也将受到异常强大的风的侵扰。如若建筑间不栽植物，即使有风吹来，也是灼人的热风或刺骨的寒风。图 3-4 所示右侧仅一幢房屋能在景观、气候方面受惠，其他房屋只能望墙兴叹。反之,左侧是利用房屋高差使更多的建筑受益的一种可取方案。

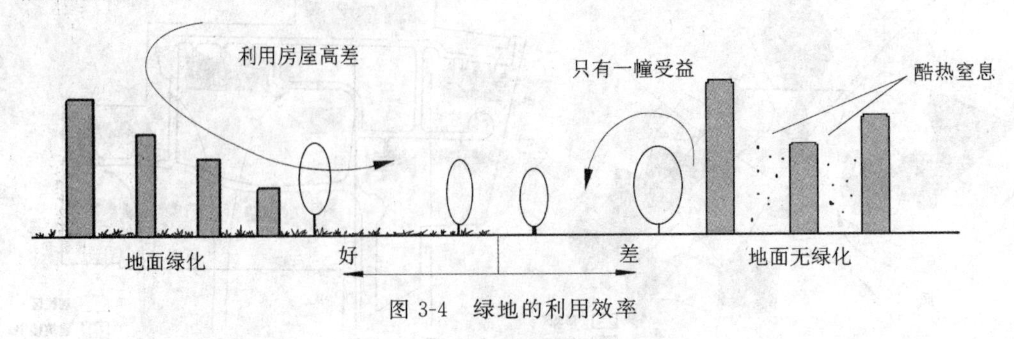

图 3-4 绿地的利用效率

3.2 建筑群风环境

风荷载对建筑物的作用必然要受到周围环境的影响。国内外诸多已有研究表明,建筑物处在建筑群中所受的风荷载和其孤立时所测得的结果有很大的不同。所以,为了在工程设计中取得较为准确的风荷载值,需要我们研究分析建筑处于群体中时的风荷载分布情况。

建筑群的布局方式是非常灵活多变的,本书对各种布置形式的探讨只是对建筑布局与通风、环境舒适的一种探索。各个建筑的摆放形式的改变直接影响着建筑周边风场与压力场的变化,因而在改善建筑群内及周边环境时,将不同高度、不同进深、不同形式的建筑进行合理的排列组合,也可以达到良好的风环境。

3.2.1 建筑群平面布局与风环境

不同的布局方式造成的建筑外部风环境状况存在很大的差异性。风吹向建筑后,必将在其背后产生旋涡区,旋涡区在地面上的投影又称风影(图 3-5)。在风影以内,风力弱,风向不稳定。对于建筑群,要考虑到上风位建筑形成的区影区对下风位建筑的影响。平行排列的多排建筑,风向投射角度为 45°,已经形成了很大的风影区,如果投射角度成 90°垂直于建筑长轴,屋面的风影区就会更大,对后排建筑的影响也就会更大。因此在建筑的布局上要避免长轴垂直于夏季主导风向,减少前排建筑风影区对后排建筑通风的干扰。为了保证建筑群良好的通风性,建筑长轴一般与风向入射角成 30°或 60°为好。

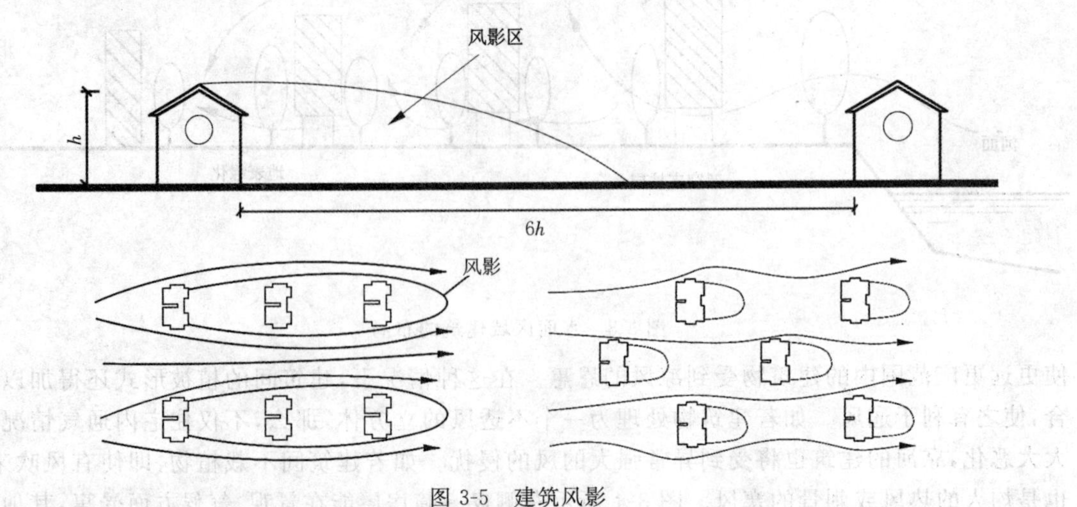

图 3-5 建筑风影

建筑群的布局方式在平面上一般有三种方式，即行列式、周边式和自由式(图 3-6)。

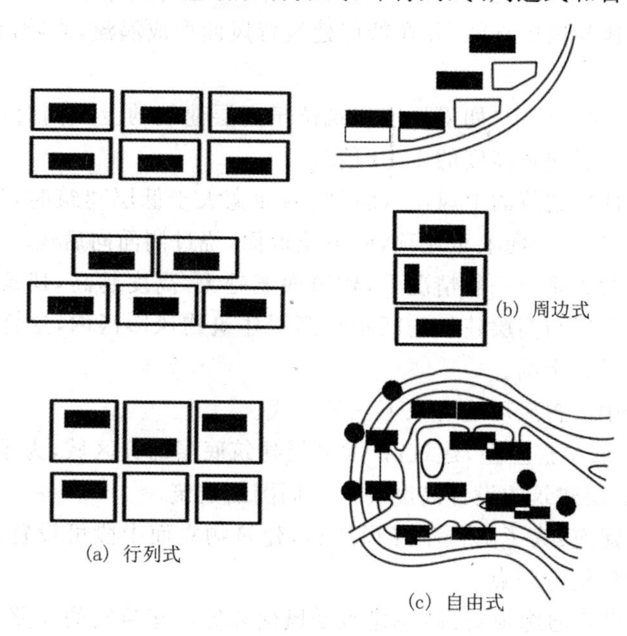

图 3-6 建筑群布置方式

行列式包括并列式、错列式、斜列式。并列式布局较为规整、有序，通常情况下，风向投射角不同的时候，建筑群内部的流场有很大的不同，总体的受风面不是很大。当风垂直吹向建筑物的时候，建筑群体排间距最好大于 7 倍的上风向建筑高度，以此确保下风向建筑迎风面的气流速度和后排建筑物的自然通风。冬季，并列式布局并垂直于气流运动方向将会最大限度地减弱冬季外部风速。错列式、斜列式的通风效果要优于并列式，风可以斜向进入建筑群内部，下风向的建筑受风面较大，整个建筑群的通风性好，风场的分布较合理，有效地解决通风问题。当建筑横向布局平行于主导风向的时候，只要不影响前后排建筑通风且确保适当建筑密度，可以大大减小建筑排间距，并能够形成规模较大的局部开敞空间，有利于群体建筑在夏季的微气候环境。建筑物迎风面与气流运动方向呈现一定夹角时，建筑群迎风面的有效跨度的减小更有利于形成夏季较为均匀的室外风场及室内风环境。

周边式布局沿街坊或院落周边布置，这种布置形式形成了封闭和半封闭的内院空间，是一种难以让风导入的布局方式，比较适合于寒冷地区。

自由式布局可营造丰富的空间关系，建筑群自成组团或围绕组团中心建筑、公共绿地、水面有规律或自由布置，整体通风性能好。

3.2.2 建筑群体立面布局与风环境

建筑群体空间组合中，自然通风的风压作用和热压作用都随着建筑物的高度的增加而增强。建筑群的风场受高低层建筑搭配布局方式的影响很大。每座建筑都会在其周围形成自己的气场，在建筑群中这些气场产生相互干扰。这就像磁场间的干扰一样，建筑物间距越小，干扰就会越大。

在低层建筑处于高层建筑的上风向情况下，低层建筑对高层建筑的上层风环境影响较小。靠近地面的地方，气流被低层建筑阻挡，在它的背风向区域会产生风影。

低层建筑密度、高度较低，且位于高层建筑上风向时，风影较小，通过低层建筑的风速与风压变化不大；当低层建筑密度高度较高时，对气流造成的遮挡严重，气流通过低层建筑群后，达到高层建筑底部时风速与风压衰减，并在低层建筑背风面形成涡流，影响高层建筑底部空间行人高度的风环境。

因此，群体建筑空间组合中，如果低层建筑位于高层建筑的上风向时，低层与高层建筑之间的间距应至少大于低层建筑高度的1～3倍。

在高层建筑处于低层建筑的上风向，而且它的面宽大于低层建筑时，当气流经过，运动方向会改变，分为三股气流——向上至屋顶，向下至地面，绕过侧面向后运动。建筑物的高度、体量与三股气流有很大的关系。一般情况下，建筑面宽越大，高度越高，建筑涡流产生的范围和风影区越大。有时候低层与高层建筑的间距在高层建筑物风影区内，这样低层建筑的风速和室内通风状况会直接受到影响。

建筑群立面布局中改善风环境有以下三种方式。

(1) 布置基座型(底层扩座型)建筑：扩大高层建筑底层部分区域，为了避免楼房风对周围低矮建筑产生影响，底层建筑的设计高度要高于周围的建筑。

(2) 设计中空式建筑：为了降低下降风风速，建筑物立面中段可设置开口使风穿过，开口位置要位于受风面的气流分歧点。

(3) 相邻建筑间设置通廊顶盖：高层建筑受风面和低层建筑间的通路处有较强的逆流风，会对行人的活动产生影响，通常设置通廊顶盖以解决这一问题。

3.2.3 其他改善风环境的建筑群布局方式

(1) 街道布局的定向：主要街道应与盛行风的方向平行排列或最多成30°，令盛行风得以进透入全区(图3-7)；

(2) 由道路、休憩用地及低矮建筑连成通风廊道(图3-8)；

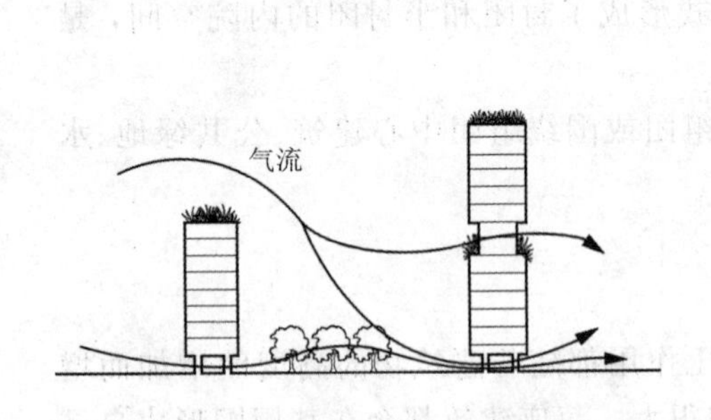

图3-7　主干道建筑排列方式

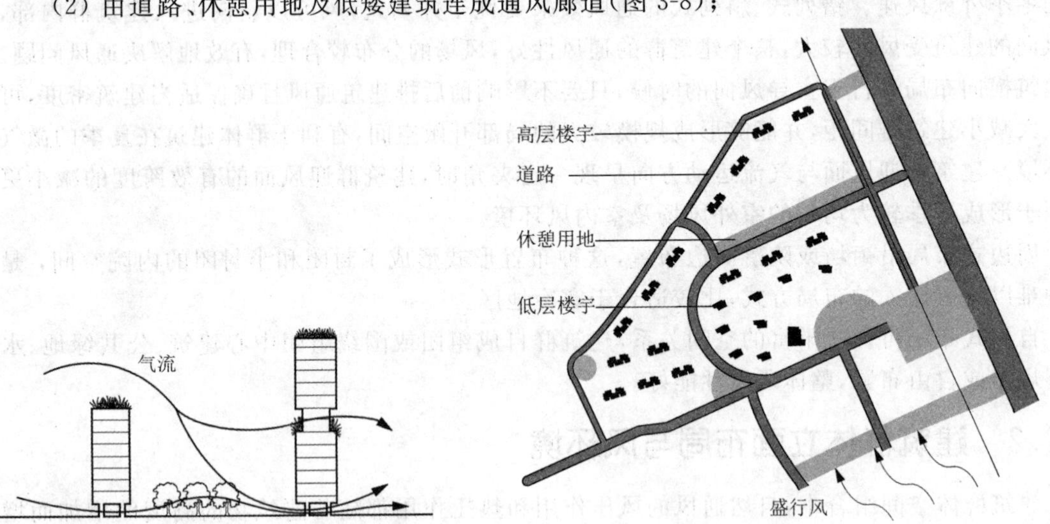

图3-8　通风廊道的布置

(3) 设置风廊、风道；

(4) 利用非建筑用地的配置以设置风道；

(5) 利用绿化改变气流状况(图3-9)：树木可以减低风速，通常风速减少10%以上的范围，迎风可达树高的5倍，背风可达树高的2倍。保护绿带如能使4%的风透过则可发挥最大的防风效果。下层开放的植栽计划可让凉风吹过，浓密的大树及林下灌木则可阻挡强风侵袭。建筑物或活动频繁场所应布置在有遮阴树或大片草坪等有冷却空气效果地区的下风处。

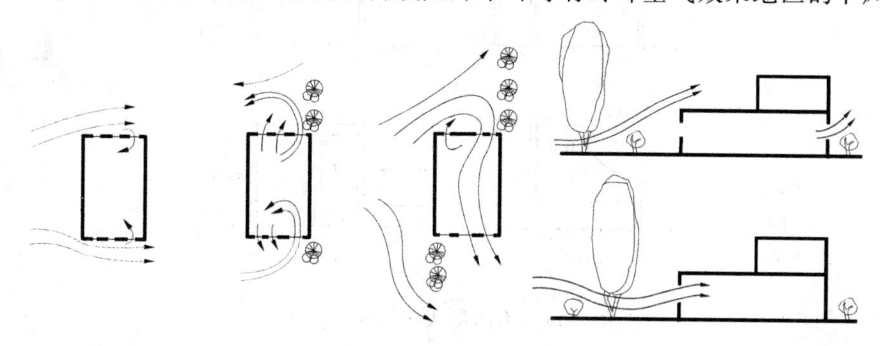

图 3-9　绿化导风作用

3.3　单体建筑风环境

风在通常情况下对建筑的影响有两种，一是风对建筑的正面风压，正面风压会使建筑产生向上或向前的吸力，使建筑物产生荷力的“凹凸”。二是风对建筑的负面风压，负面风压会使建筑产生前后振动或上下颤动，使建筑物产生荷力的偏移(图 3-10—图 3-12)。

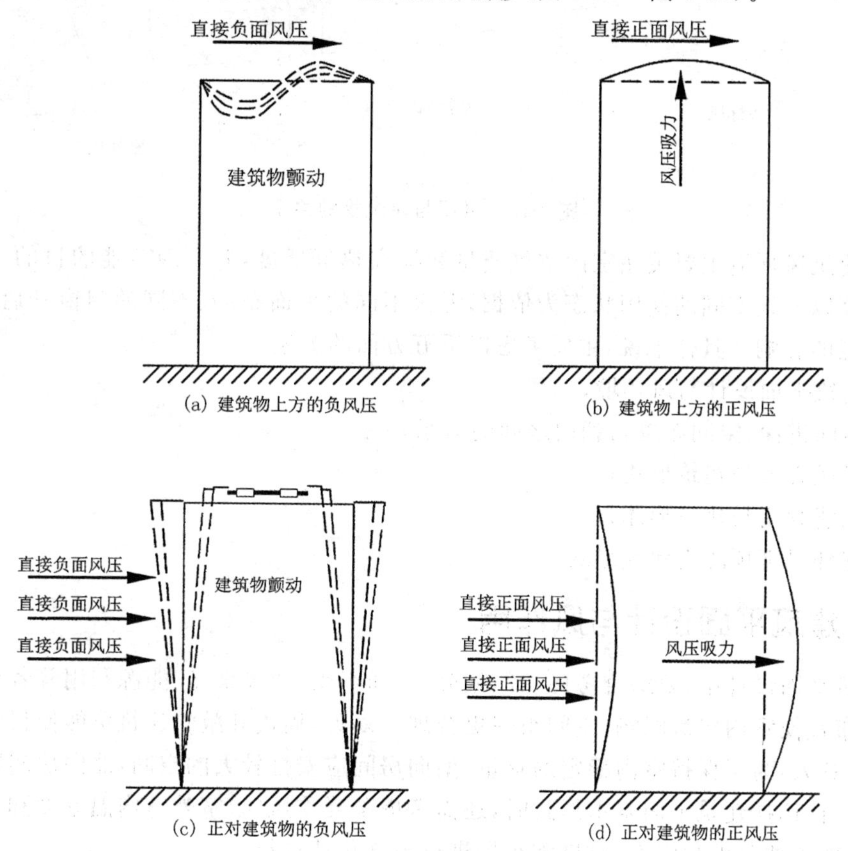

图 3-10　风压对建筑的影响

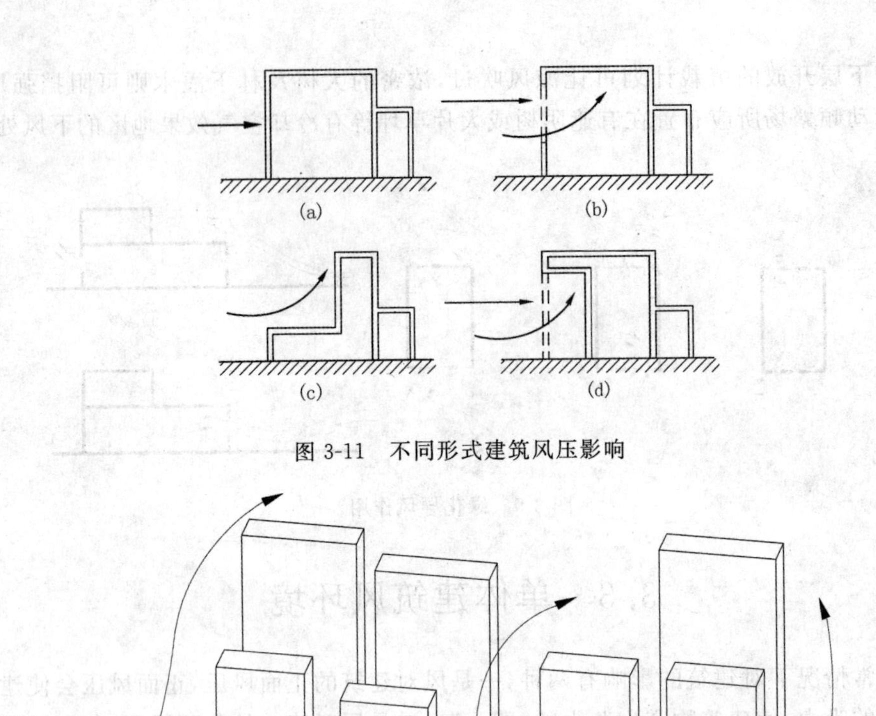

图 3-11　不同形式建筑风压影响

图 3-12　风压与建筑物的关系

单体建筑风环境主要关注室内空气质量和提高热舒适度，并实现节能的目的。单体建筑风环境研究以建筑不同的使用状态为依据，考察不同的平面布局、不同的门窗开启方式，对室内外风环境的影响。具体地说，主要考虑以下五方面的关系。

(1) 建筑平面设计与风环境；

(2) 房间进深、空间布置与朝向之间的关系；

(3) 通风方式与建筑形式；

(4) 风能利用与建筑形体；

(5) 室外风害预防与建筑形式。

3.3.1　建筑平面设计与风作用

在建筑平面设计中，要综合考虑功能划分、空间组织、通风采光、能源利用等各种因素。合理的平面布置使室内气流顺畅，空间组织更合理。夏天，周边开敞的建筑更能使得室内气流顺畅地运行；冬天，为了保持室内稳定的热量，南向房间应安排较大的空间，北向房间则安排尺寸小的房间。在选择建筑平面基本形式时，还需考虑冬夏季风向、室外室内温湿度和最大风频特征，综合平衡各种要求和因素，对搭配布局进行最优化地选择。

在建筑空间中，开窗方式与通风路径设计对自然通风性能影响最大。根据开窗位置不同，可以形成相对侧通风路径设计或多侧通风路径设计。如图 3-13 所示，开窗与方框处开口形成通风路径时表示该空间具有较佳通风路径。对侧开窗及多侧开窗方式也有一定的进深限制，确保室内无死角。通常风压通风的前提条件是建筑进深小于建筑室内5倍净高；当依靠单面风压通风时，进深应小于2.5倍净高(图3-14)。

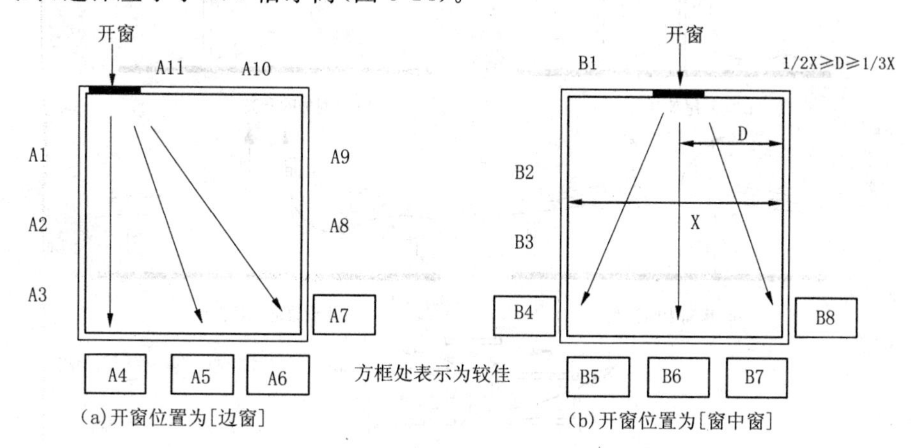

图3-13 开窗位置图

资料来源：香港城市设计指引

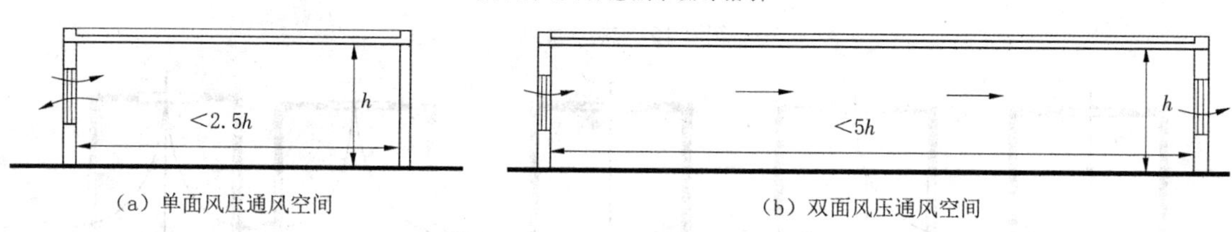

图3-14 利于通风的建筑空间尺度

3.3.2 建筑形式与通风方式

选择建筑形式应当呼应通风方式，建筑通风通常比较复杂，基本形式有热压通风、风压通风两种。

1. 热压通风

热压通风用以解决大尺度空间通风问题效果显著。在一些夏季室外多是静风状态的地区，就特别需要通过热压通风来进行通风散热，使得气流能够局部循环。三个因素决定热压通风对室内自然通风的作用效果：①室内外温差，热压通风作用和通风换气次数随着温差的升高而提高；②室内外空间贯通度，贯通度提高能加强气流循环；③热压作用在高敞的室内空间里更明显。热压通风被广泛应用于现代建筑设计中，建筑通风与建筑形体结合起来，造就了极具创新意义的建筑形式(图3-15)。

2. 风压通风

当足够的压力差存在于建筑内外表面，打开界面洞口会形成充足的穿越气流，这便是风压通风模式的原理(图3-16)。通常风压通风的模式如图3-17所示。表面正负压力差因界面形态特征的不同而不同。风速和风压呈现正比例关系，环境条件对风速的影响比较大。如果风速太小，穿堂风需要的压力差和气流量将不能被满足，气流运动将不顺畅。如果风速太大，随着建筑物高度的增加，风速将给生活带来不便，冬季时会增加建筑能耗。

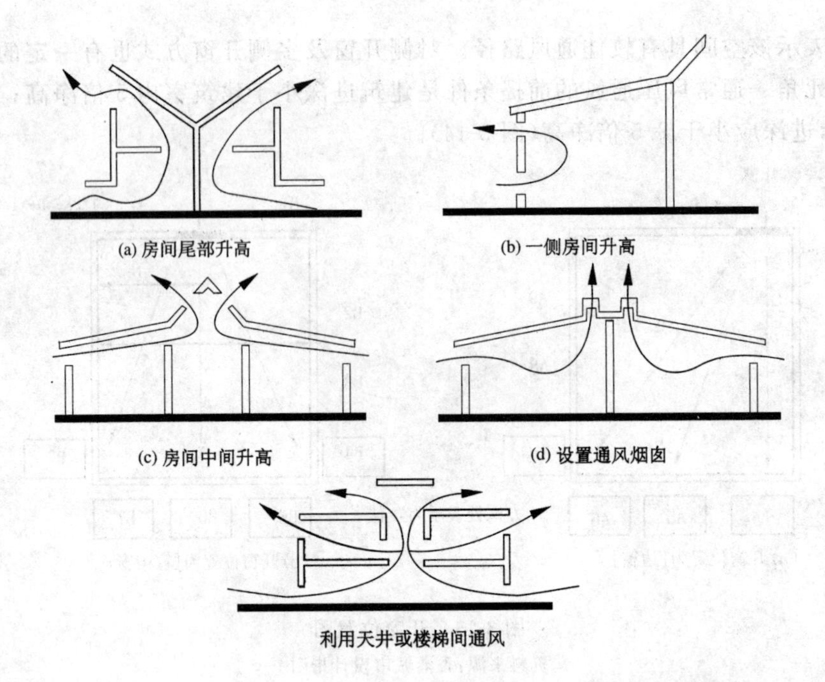

图 3-15　热压通风

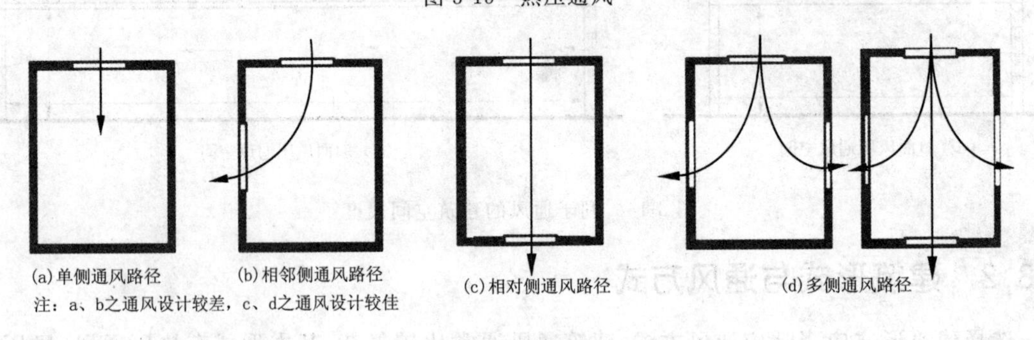

图 3-16　通风路径

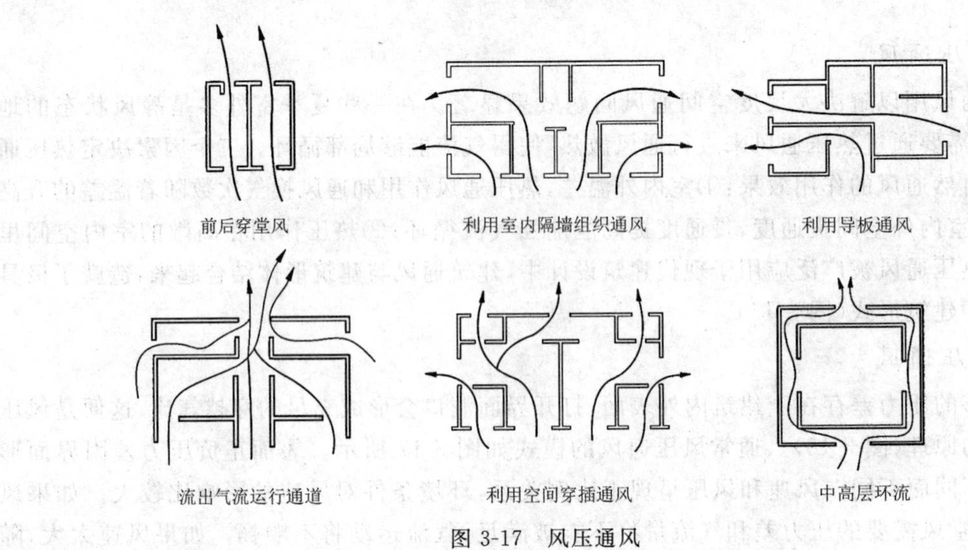

图 3-17　风压通风

资料来源：香港城市设计指引

建筑内的自然通风在大多数情况下是由两种通风模式共同作用,而非纯粹依靠单一模式。通常依据建筑的环境需求、方式及通风时机而改变有关形体的选择。通常,人们通过建筑对外开口的设置来实现对建筑通风的控制,显而易见的做法是在需要通风时打开窗子,在寒冷时关闭门窗,在保证正常换气次数的情况下控制开窗时间以利于节能。但是这种简单的应变式做法并没有具体考虑到对建筑的布局、建造方式及环境所产生的影响。系统性的设计是从整体性观点上结合不同时间的使用需求及室外气候状况,利用风压与热压共同作用,依靠各种通风防风措施调节建筑室内空间的进风量,以满足不同季节内的自然通风需求,从而实现整体性应变式自然通风,并且可以产生丰富多样的建筑变体形式。

屋面为坡屋面时,上风向坡屋面的正负压力差取决于屋面坡度,风压和热压作用下,热压通风随室内空间高差变大与坡度的变陡而更明显,此时,室外风压也变大,气流在屋面处由室外向室内空间倒灌,并混合热压向上气流,对通风效果有不良影响。实验验证,30°屋面坡度最有利于室内热压通风;大于45°时,上风向屋面处则完全受室外风压作用。

3.4 高层建筑风环境

3.4.1 高层建筑的风环境问题

随着人口的增长,城市的扩张与土地资源有限性之间的矛盾不断激化,解决矛盾的有效办法之一是城市空间竖向发展。随着全球城市化进程的加快,高层建筑的建设量越来越大,高层建筑带来的环境问题也凸显出来,比如高能耗、阳光遮挡等,其中风环境的问题尤为突出。

1. 不良风环境问题

高层建筑受风力作用造成负面影响,形成不良风环境问题,甚至风灾,事故频发,不得不引起我们的重视和关注。近几年国内建筑物的玻璃幕墙、屋顶搭盖物被大风吹毁的事例很多,如浙江大学逸夫楼在一夜狂风劲吹下,所有的幕墙玻璃都几乎被吹毁。台风季节建筑物、结构物、覆盖物及幕墙玻璃等被风吹毁的事例在沿海城市更是事件频发。

不良风环境,甚至风灾的课题,现今已展现在城市规划、建筑设计部门、施工单位面前。在高层建筑规划与布局伊始,就应周密地考虑到优化风环境,防范不测风灾,而进行认真地论证和试验。

2. 高层风的形成

由于高层建筑的形体及其群体布局不当,而形成给行人及地面交通、生活环境等带来负面影响的高层风。高层风的形成主要有三个方面:建筑风影、高层建筑下行风、狭谷风。

(1) 高层建筑风影区

风影区产生于建筑背风向一定距离内,由垂直吹向建筑界面的气流遇到障碍物后形成,会影响下风向的建筑及其外部空间,一般情况下,它的长度约为建筑高度的15倍(图3-18)。

(2) 高层建筑下行风

高层建筑夏季最有利于建筑的通风,但冬季对建筑室内保温及降低建筑能耗却不利,并且高层建筑对地面形成的不利气流比多层更严重。

高层建筑群体底部风环境状况受三个因素的影响:一是建筑假想边界外的城市气流速度与方向;二是建筑自身底部空间和形体构成所形成的风环境特征;三是建筑周围植被分布。建筑群组成结构形成的二次风环境状况,多数情况下,二次风环境受建筑和城市空间设计的影

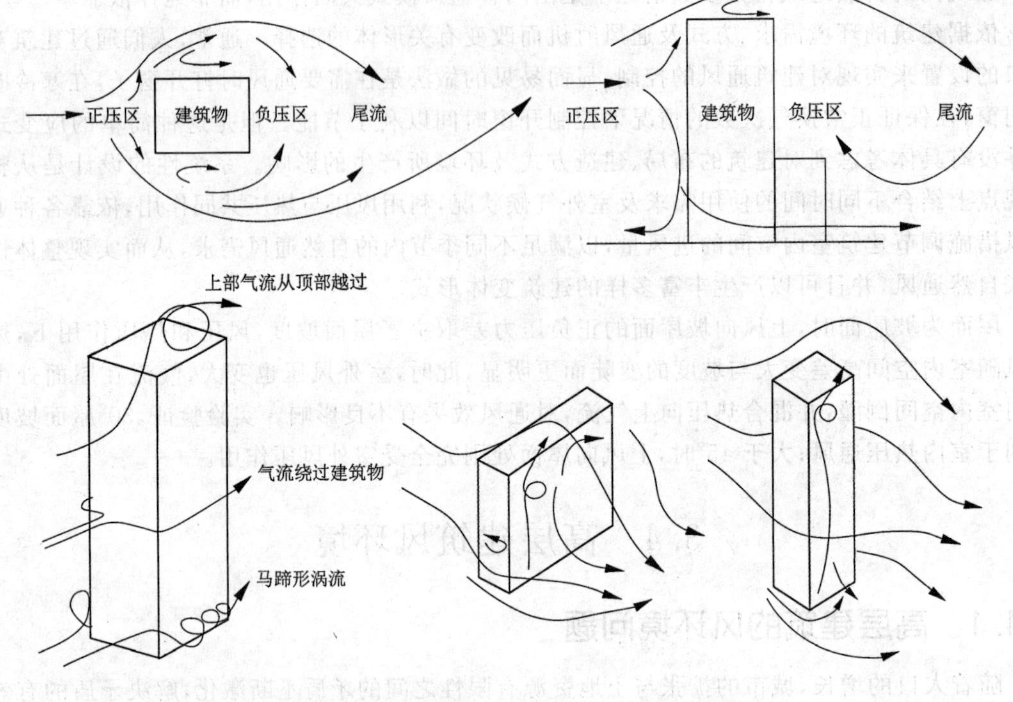

图 3-18　建筑物周围气流环境 CFD 模拟分析图

响，城市气流的运动速度方向不同，建筑负压区范围及风速大小也不同。高层建筑群体底部风环境状况取决于下行气流及建筑底部穿堂气流。

高层下行风强度取决于建筑高度及形体关系，随着高度的增加，风压不断增大。据统计，在五层楼面处，风速比地面高出 20%；在 16 层高处，风速增加 50%；在 35 层楼地面处，风速增加 120%。风灾经过高层建筑时，在高度 1/3 处，气流遇到建筑的阻挡后，运行方向视建筑形体而定，方形体量将使气流向上、向下移动，在下一过程中，风速加快，与地面水平方向的气流相遇，在建筑底部形成强大的涡流，对城市街道和建筑室外环境造成一定压力，并对城市街道风环境产生巨大影响(图 3-19)。

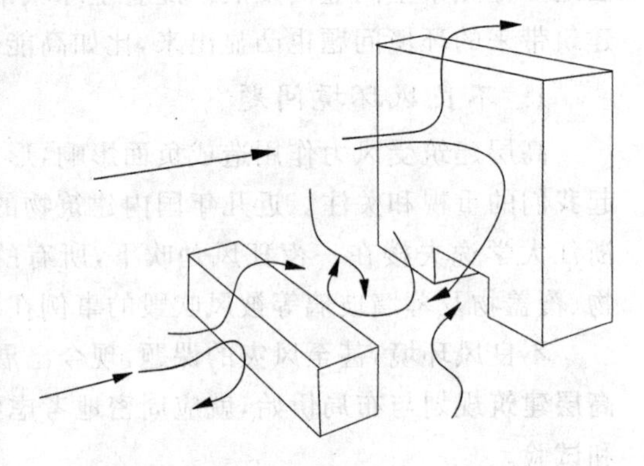

图 3-19　高层建筑上部下行气流示意图

(3) 街道峡谷风

街道峡谷风的形成是由于沿街建筑高度及密度增大，气流沿街道横向运行受阻，只能沿街道纵深方向移动，顺街道峡谷运行。气流通过纵向的街道峡谷，运行的截面骤然缩小，在气流量不变的情况下，通过单位截面面积的风力及风速增加(图 3-20)。同时，上部气流遇到高层建筑后受阻向下

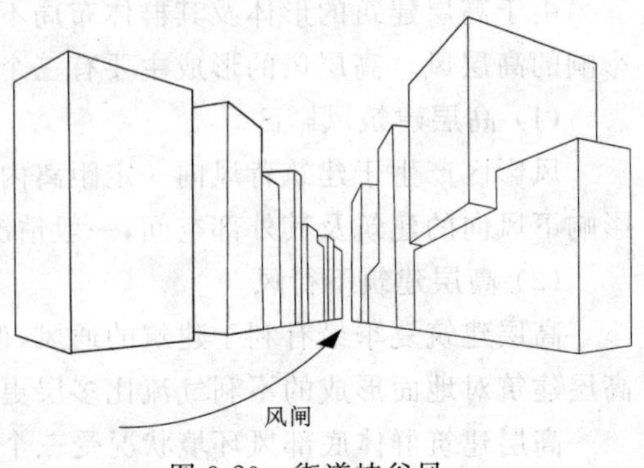

图 3-20　街道峡谷风

部移动，又与纵向峡谷风相遇，在街道空间底部产生强大湍流，使行人难以站立或行走。

在全年静风区较大的城市，高层建筑的底部采用架空处理能够改善底层风速流动过缓的状况，促使底层空间气流畅通，增加建筑室内外之间的换气率。这对于城市中心底部空间污染热气流清除有一定益处，但在风速过大区域，即便在夏季，过大的风速也会给人带来一定的不舒适性（图3-21）。而且，底层架空带来了建筑物的下沉气流与穿越气流在建筑背风面的叠加，风向复杂，风力在原有基础上增强3倍。在减小建筑面宽及高度以减小背风面负压区范围时，底层的封闭可化解迎风面上风向建筑的遮挡所造成的下沉气流与穿越气流的混合。

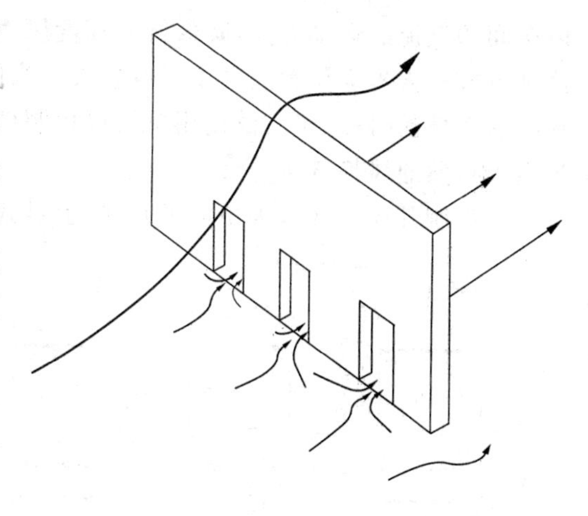

图3-21　底部及架空部分气流运动示意图

综上所述，各种空间因素综合作用最终形成高层建筑底部风环境状况。空间越无序，风环境越复杂。建筑设计中，任何针对风环境的设计策略制定都需要对各种问题综合分析，而非简单地照搬照用，关键要在设计中准确把握诸多作用的两面性，从而达到各种因素的平衡与统一。

3.4.2　风环境与高层建筑设计

1. 高层建筑平面形式

不同的平面形式对其周围微气候环境的影响有很大的不同。建筑形式和气流运动的结合有两种不同的方式：对内与对外。在基底面积相同的情况下，圆形、椭圆形等流线型平面与正多边平面更符合空气动力学原理，受风荷载作用较小，对周围风环境影响也较小（图3-22），凸口平面特征形成向上或向下强气流的能力比凹口平面要小。

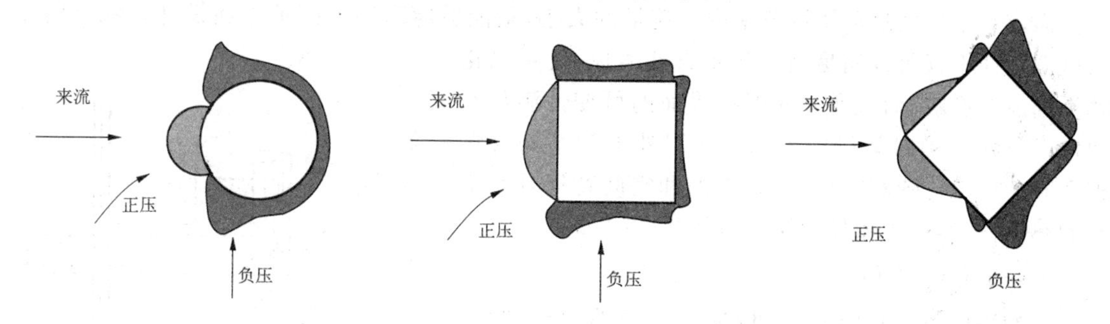

图3-22　圆形与方形平面风向与风压分布比较

资料来源：陈飞，蔡镇钰，王芳.风环境理念下建筑形式的生成及意义

2. 高层建筑剖面设计

解决高层建筑所面临的风环境问题，牵涉到建筑外墙技术构造措施、单层外围护表面的开口和双层外围护界面的应用。

（1）建筑单层外围护表面开口。在进行高层建筑单层外围护结构开口方式的选择时，两个问题需首先解决：①遮挡气流，降低原有风速；②使用可控开窗方式及设置挡板，改变进入室内空间的气流的运动方向，降低行人高度风速。开启窗户使气流进入室内后向下部空间移动，这种方式对人坐立位置及高度影响较大。当因高层建筑室外风速过大无法正常开窗而需采用封闭窗系统的时候，可广泛使用单层可控制性通风方式，以达到需求量和进风量间的协调，满足室内自然通风换气量。

可控制开窗方式分为单面平开式、上悬式及下悬式三种模式(图 3-23)。

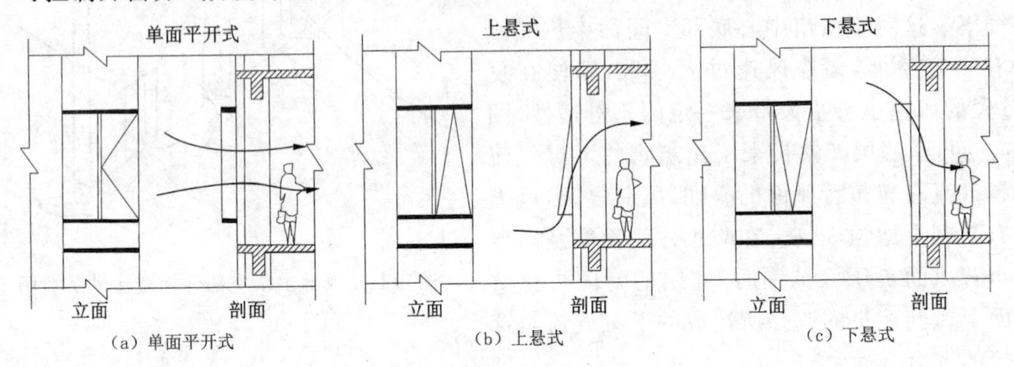

图 3-23　单层外围护三种开窗方式

单面平开式：窗户平开，最大开窗角度较缓，洞口较小，风从侧面进入，开启方向避开人在室内空间坐立位置；

上悬式：气流从底部进入室内后向下方移动，减少对人站立点高度的影响；

下悬式：气流进入室内后，窗户的开启使气流进入室内后向上部空间移动，这种方式对人坐立位置及高度影响较大。

当高层建筑室外风速过大或其他原因，无法正常开窗而必须采用封闭窗系统时，为满足室内自然通风换气量，达到进风量与需求量之间的协调，可广泛运用单层可控制性通风方式。

(2) 双层墙面的应用。双层墙面比较适用于调节建筑和环境的关系，有益于解决建筑窗户打开带来的风速太大和能耗增加等问题。双层墙面可控制性自然通风方式，根据使用者舒适性需求和室内物理环境调节室内气流量的大小，最能适应高层外围护界面设计。双层墙面的可调节性不仅可以满足高层建筑自然通风，还可以化解不利风的影响，而且通过外围护界面的可变性满足空间内人员在不同时间里的需求。双层外围护结构有多种多样的构造方式和类型，相异类型和空间特征具有不同的热工性能，产生相异的风环境特征(图 3-24)。

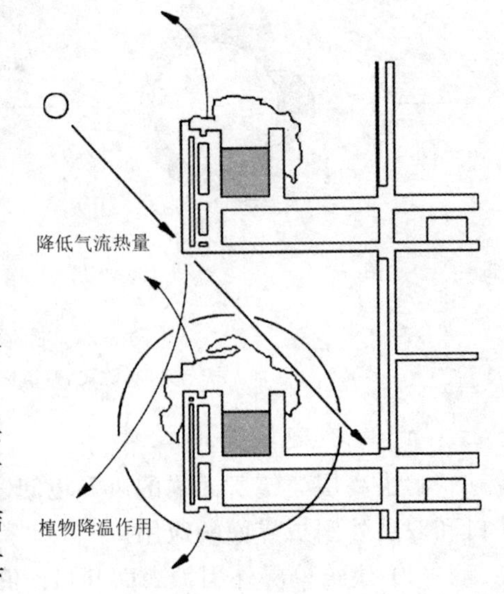

图 3-24　双层外围护结构

3. 高层建筑形体设计

自然界中风、雨和阳光是构成自然力的原始动力，物体形体的形成源于自然力的作用。同样地，建筑形体在选择过程中应顺应自然力作用的结果。

(1) 锥状形体。上小下大的锥体和台体建筑在高层建筑中较为常见。现有的锥状建筑逐渐趋向于轻质化、可塑化，具有良好的空调与采光系统。锥状建筑主要是钢结构和玻璃的组合，锥体幕墙部分整体结构上层次分明，其结构形式可以有效减小倾覆力矩，有利于减小风荷载并且减小建筑受风面积。

（2）扭转式形体。如瑞士再保险总部大楼，从塔体的中央分别向上、下两个方向渐渐收分，圆形体量可以最大程度地削弱强风，减小风荷载。一条自塔底沿塔身上升的凹口螺旋曲线状空腔盘旋而上。这是基于当地风环境的考虑，上升空腔符合空气动力学原理，可以引导气流沿螺旋空腔上升，避免高层建筑上部风速太高对建筑主体的不良影响，同时可以降低下沉气流到达地面的速度。受到热压和风压的共同作用，在空气从建筑底部沿螺旋凹口上升的过程中，外围护界面锯齿形玻璃幕墙上的可开启窗扇可将其捕获，在满足自然通风的情况下，使得进入室内的气流更加稳定（图 3-25）。

图 3-25　瑞士再保险总部大楼立面图与剖面图

（3）退台式形体。为减小上部风受到建筑界面阻挡后下行形成的强气流，高层形体应依据建筑高度做退台处理。城市规划法规定，沿街建筑高度与街道宽度应满足一定的比例关系，大体量建筑形体上应做退台处理，减小对街道的压抑感。这种方式恰恰缓解了高层建筑下风向的能量。退台处风力不断受阻，能量不断衰竭。高层上部退台后，街道底部峡谷风力也有所减弱，相应化解了街道上不利的风环境。体量关系分为上、下两部分，以斜面形体过渡处理上下之间的衔接。上部体量的缩小是在综合评定几种关系所造成的风环境状况后做出的最后选择，中部斜面的处理成为上部气流下行的缓冲并顺势改变了气流运动方向，减弱气流对下部体量中屋顶带来的压力。建筑中下部的透空处理一方面相当于缩小了垂直于迎风面的建筑跨度，减小体量过大造成的风影区范围及对下风向建筑通风带来的影响，另一方面，创造了一个有顶光的多层地下大厅，使建筑地下空间通风更加通畅（图 3-26）。

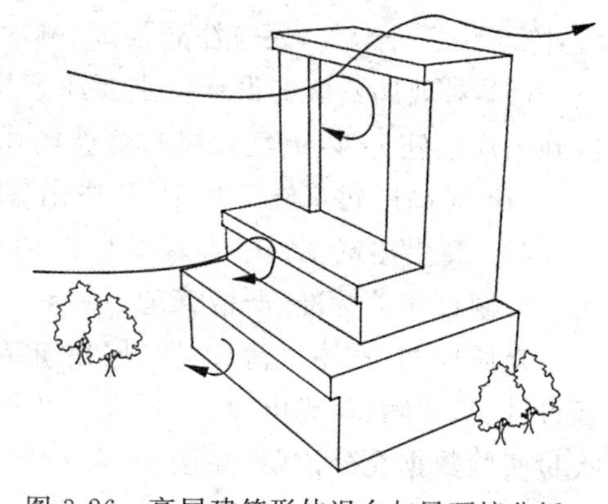

图 3-26　高层建筑形体退台与风环境分析

此外,可以采取建筑局部设计方法削弱建筑表面的风力。由于结构的原因,高层建筑无法通过大的形体改变来优化室内外风环境状况,阳台、遮阳板和韵律性开口等形体表面局部处理可以有效地阻尼高层建筑表面不利的气流,当气流遇到不规则的立面特征或不同的开口时,风力会有所削弱。在建筑物立面造型中,应当尽量避免尖锐的竖向尖角,因为这会造成强有力的下沉气流。

3.4.3 高层建筑及其群体不良风环境的防护与改善措施

由于规划、设计的失误而出现的高层建筑及其群体内、外的不良风环境,特别是体型不规则及怪异的建筑,如何防护与改善意义重大。对于风致摆动问题,最好在规划伊始就对其气动外形的减振效果有所估计,并对其在寿命期间里可能遭遇大风暴时应具备的强度、刚度,通过科学试验与设计计算予以解决。沿用机械工程减振措施而采用的可调质量阻尼器(TMD)及黏弹性阻尼器的方法,只是一种不得已而为之的补救辅助措施。

高层建筑外部不良风环境的防护与改善措施主要有以下八个方面。

(1) 对街道、广场、人行与交通安全有影响的街道风、穿堂风、尾涡旋风,通常主动方法是改变建筑物的布局、外形,尽量把引发不良风环境的根源,消除在建成之前。被动方法是采用挡墙、格栅、种植灌木林带、乔木林带来改善风环境,以保证车辆行驶与行人的安全,并确保高层建筑后广场、花园的洁净。

(2) 对高层建筑迎风面的下冲旋涡风的防护,目前大多采用裙楼结构隔断下冲气流,并在建筑主要出入口设置防护顶棚,以缓冲可能坠落的幕墙玻璃及其他装饰物。

(3) 建筑拐角处、平面与曲面的交接处、立面上凸出的观光电梯等部位常是出现负风压(吸力)的峰值区,设计时最好把直角边钝化或粗糙化,凸出部位的法线与盛行风向应避免相垂直以减弱气流分离而形成高吸力区,或在负压峰值区设置百叶窗式的扰流罩以镇压过高的负压峰值。

(4) 屋顶,不管是平屋顶、人字形或斜截头屋顶、半圆形屋顶等,通常在其屋脊、四周屋檐及拐角处出现负风压峰区。尤其平屋顶的周沿及拐角,负压峰值较大。防护与改善方法是在平屋顶边缘处加矮护墙,使拐角区域的旋涡抬离屋顶面。试验资料表明,这一措施可使最大吸力急剧下降;也可在拐角处安置突出物(如烟囱、装饰物等),扰动分离旋涡达到减轻局部区域最大吸力的目的。

(5) 对于外挑梁尖角处,通常负压较高,人们常采用绕流装置(如镇风兽等),以减弱旋涡分离强度。对于位于喇叭状收缩段(风嘴口)的建筑或构筑物,由于直接暴露在强风中,设计时,除应注意外形外,还应注意强度、刚度校核及安全系数的选取,以免招致风灾。

(6) 对玻璃幕墙的设计特别要注意按风环境最不利影响(如负风压最大值)设计,并严格按施工规范施工,以避免大风吹落玻璃扎伤行人或汽车等,造成伤亡事故。

(7) 对高层建筑施工脚手架、塔吊、垂直运输井架等,安装使用要考虑风影响。

(8) 高层建筑设置广告牌要根据风环境严密策划、认真计算,同时,要精心设计,精心施工。应制订相关标准,严格管理。

众所周知,整体风荷载是高层建筑结构设计必须考虑的;而局部风荷载则对外墙面上的覆面设计、搭盖物、观光电梯、屋顶设计及周边风环境的设计起决定作用。通过研究,就所引证的大量实验数据充分说明:高层建筑及其群体期望建成后有一个良好的风环境,在规划设计伊始,一定要根据具体设计方案,认真进行模型的风洞试验,获取包括其周边建筑物、构筑物干扰影响在内的真实风压分布数据，并经论证、修改设计，反复试验直至获得较为满意的风压分布数据后方付诸实施，以免留下遗憾，造成不必要的损失。

3.5 风环境导向的城市地块空间设计

3.5.1 风环境对城市的影响

1. 风环境与公共空间舒适度

为了能够为人们提供良好的休闲、娱乐、社交场所，在城市公共空间的规划空间设计过程中，要充分考虑公共空间的风舒适性。室外活动者的感官受城市公共空间的局部风环境影响，不适宜的风速、风压则造成不适，从而降低城市空间的品质。不适宜的风环境将会降低城市的广场、公园等重要的公共空间的使用率。应通过合理的城市规划设计引导自然通风提高公共空间的舒适度。

2. 风环境与城市空气质量

城市中的汽车、建筑等均会产生的大量的气体污染物，这些污染物如果不能够迅速扩散，就会在局部地区形成高浓度的污染，严重降低局部地区的空气质量，并进一步影响该地区人群的健康。而气体污染物的扩散依赖于空气的流动，只有在足够的风速条件下，污染物才能够及时扩散，得到稀释。如果在城市某一局部地区的风速很低，或者存在涡流区则很可能成为空气高污染区域。

3. 风环境与建筑节能

建筑能耗是城市能耗的重要组成部分，在建筑的各种能耗中最主要的是制冷和和制热。建筑周边的风速过大会增加建筑的冷热负荷，表面放热系数增大，加重建筑能耗。在计算通过围护结构的得热量或热损失时，为确定壁体的总传热系数，需确定表面放热系数，而外表面放热系数的大小首先取决于风速。可见合理的风速将能够降低建筑的能耗，进而降低城市的能耗。

3.5.2 城市地块风环境描述指标设计

地块内各点风环境的总和形成城市地块的风环境，城市某一地块内各点的风向、风速在实际情况中可能各不相同，因此单纯的风速或者风向指标无法描述一个城市地块内的风环境情况。这种描述指标的缺失使得城市地块风环境难以评价和比较，因此，我们尝试建立地块平均风速、强风区面积比、静风区面积比及风速离散度四项指标来描述城市地块内部的风环境，以便评价地块风环境的优劣，并进一步开展风环境优化手段的研究。我们选择距离地面 1.5m 处作为风速测速的基准高度，以研究对公共空间品质影响较大的近地面风环境，确保所测得风速对地面人群有较大的影响。

1. 地块平均风速

地块平均风速使之在给定的风环境情况下，地块范围内 1.5m 高度处的平面内各点风速的平均值。设计师们可以根据地块平均风速来了解当地的总体风速情况。由于风环境的复杂性，当地任意两点的风速各不相同，仅仅通过现场实测和风洞试验是无法准确地计算出地块平均风速的。随着计算机技术的不断发展，设计师们更加倾向于运用计算机模拟技术对当地的地块平均风速进行精确地模拟和分析。城市建设规划过程中，通常需要考虑交通、水源、地形等条件，然而，人们往往疏忽了风这个气象因子。地块内部风速过小可能造成体感闷热、空气质量下降等问题。

2. 静风区面积比

静风区指的是城市地块内，风速由于小于某一值而容易形成风环境问题的区域。本书中将风速小于 1m/s 的区域定义为静风区。静风区面积比指地块内静风区的面积与整个地块内空间面积之比。

3. 强风区面积比

强风区指的是城市地块内，风速由于大于某一值而形成较不利风环境的区域，这种不利有可能是造成风灾，也有可能仅是使室外活动者略感不适。根据相关人体舒适度的研究，5m/s 的风速已经能够对地面活动者产生轻微的影响，这种影响在冬季则更为明显，因此本书中将风速大于 5m/s 的区域定义为强风区。强风区面积比指地块内强风区的面积与整个地块内空间面积之比。

4. 风速离散度

城市地块内因为受到建筑布局的影响，可能在很小的范围内有较大的风速差异，这种差异会影响人的舒适度，也容易造成涡流，对地块的风环境造成负面影响，因此有必要把地块内的风速分布是否均匀，亦即风速分布离散度也作为评价风环境的一项指标。在统计学中常用数据标准差来衡量一个数据集的离散程度，使用这一指标，采用地块内各级风速区面积比率的标准差来衡量地块风环境的离散度，离散度越小，说明风速分布越均匀；离散度越大，说明风速分布越不均匀，出现极端风环境和涡流区的可能性也就越大。

3.5.3 地块空间风环境优化手法

体量转移。体量转移是指在地块总建筑量和平面布局不变的条件下，将一部分建筑体量转移至适当的位置，以降低建筑体量对地块风环境造成的影响，甚至将原有的负面影响转变为正面影响。由于大部分情况下不宜为了风环境的优化而对城市地块建筑开发量或平面布局进行较大的调整，因此体量转移可以说是在建筑总面积和平面布局不变的条件下，地块内建筑层高的重新分配，对于有高层建筑的地块，体量转移往往意味着高层建筑位置的转移。

裙房设计。裙房设计是指以风环境优化为目标，通过高层建筑底部裙房的形态设计，来对城市地块产生不同的围合效果，以改变地块的风环境。在城市地块的设计实践中，高层建筑的布局由于受到日照间距、建筑朝向、形象需求等各方面要素的限制而具有很大的局限性，但是相比而言，高层建筑的裙房层数低，功能综合，对日照的需求低，因此在形态布局上具有很大的灵活性。从城市地块风环境优化的角度来考虑，裙房布局的这种灵活性就可以方便地改变城市地块的边界开口率，从而达到影响地块风环境的效果。

底层架空。在高大建筑或围合性较强的建筑群的背风面往往形成大面积的静风区，这些区域的实际情况往往不仅是风速过慢，还常伴随空气涡流。造成这些区域的原因主要是建筑物对环境风的阻挡，而将阻挡建筑的底层架空则能够十分显著地改变局部通风情况，优化风环境和空气质量。

防风设施。在城市地块的空间形态设计中，除了利用建筑物来改变风环境之外，各种构筑物和设施也能够对局部地段的风环境起到一定的改善效果。除了专门设计的挡风板之外，各种读报栏、自行车停车棚，乃至变电箱、垃圾站等设施在位置上的合理布局以及在形式上的巧妙设计都能够使其起到改善地区局部风环境的作用，这些设施的作用虽然有限，但由于其方便灵活，可以兼具其他功能的优点，在城市地块的风环境优化上能起到很好的辅助作用。

绿化植被。绿化植被是城市地块设计工作的一部分，从风环境控制和优化的角度来看，合理的绿化植被设计能够对城市地块的风环境产生一定的影响。和防风设施一样，植被对风环境的影响主要体现在挡风作用上，并且效用有限，一般只作为辅助手段。不同的植物和种植方式对风的阻挡作用不同，一般而言，高大乔木对地面风环境的影响较小，而高度在 1.8 m 以上的绿篱对地面风环境的影响较大，因此，运用绿化来改善局部地段风环境时也应注意植物种类的搭配。

第4章 高层建筑抗风设计

4.1 建筑结构荷载

4.1.1 荷载分类

1. 按随时间变化分类

永久作用(永久荷载或恒载):在设计基准期内,其值不随时间变化;或其变化可以忽略不计。如结构自重、土压力、预加应力、混凝土收缩、基础沉降、焊接变形等。

可变作用(可变荷载或活荷载):在设计基准期内,其值随时间变化。如安装荷载、屋面与楼面活荷载、雪荷载、风荷载、吊车荷载、积灰荷载等。

偶然作用(偶然荷载、特殊荷载):在设计基准期内可能出现,也可能不出现,而一旦出现,其值很大,且持续时间较短。例如爆炸力、撞击力、雪崩、严重腐蚀、地震、台风等。

2. 按结构的反应分类

静态作用或静力作用:不使结构或结构构件产生加速度,或所产生的加速度可以忽略不计,如结构自重、住宅与办公楼的楼面活荷载、雪荷载等。

动态作用或动力作用:使结构或结构构件产生不可忽略的加速度,例如地震作用、吊车设备振动、高空坠物冲击作用等。

3. 按荷载作用面大小分类

均布荷载:建筑物楼面或墙面上分布的荷载,如铺设的木地板、地砖、花岗石、大理石面层等重量引起的荷载。

线荷载:建筑物原有的楼面或层面上的各种面荷载传到梁上或条形基础上时,可简化为单位长度上的分布荷载,称为线荷载。

集中荷载:当在建筑物原有的楼面或屋面承受一定重量的柱子,放置或悬挂较重物品(如洗衣机、冰箱、空调机、吊灯等)时,其作用面积很小,可简化为作用于某一点的集中荷载。

4. 按荷载作用方向分类

荷载按其作用方向可分为垂直荷载与水平荷载。垂直荷载为垂直方向作用力,如结构自重、雪荷载等;水平荷载指的水平方向的作用力,如风荷载、水平地震作用等。

4.1.2 荷载代表值

结构设计时,对于不同的荷载和不同的设计情况,应赋予荷载不同的量值,该量值即荷载代表值。荷载可根据不同的设计要求规定不同的代表值,以使之能更确切地反映它在设计中的特点。荷载规范中给出4种代表值:标准值、组合值、频遇值和准永久值。

对永久荷载应该用标准值作为代表值,对可变荷载应根据设计要求用标准值、组合值、频遇值、准永久值作为代表值。荷载标准值是荷载的基本代表值,其他代表值都可以在标准值的基础上乘以相应的系数后得出。

1. 荷载标准值

荷载标准值就是结构在设计基准期内具有一定概率的最大荷载值，它是荷载的基本代表值。包括永久荷载标准值(G_k)和可变荷载标准值(Q_k)。设计基准期为确定可变荷载代表值而选定的时间参数，一般取为50年。

(1) 永久荷载标准值

永久荷载主要是结构自重、粉刷、装修、固定设备的重量。一般可按结构构件的设计尺寸和材料或结构构件单位体积(或面积)的自重标准值确定。对于自重变异性较大的材料，在设计中应根据其对结构有利或不利的情况，分别取其自重的下限值或上限值。

(2) 可变荷载标准值

民用建筑楼面均布活荷载标准值及其组合值、频遇值和永久值系数按建筑结构荷载规范查表采用。

2. 可变荷载准永久值

在设计基准期内经常达到或超过的那部分荷载值(总的持续时间不低于25年)，称为可变荷载准永久值。其值等于可变荷载标准值乘以可变荷载准永久值系数：

$$Q_q = \Psi_q Q_k \tag{4-1}$$

式中 Q_k——可变荷载标准值；

Ψ_q——可变荷载准永久值系数，可从建筑结构荷载规范查得。

3. 可变荷载组合值

两种或两种以上可变荷载同时作用于结构上时，除主导荷载(产生最大效应的荷载)仍可以其标准值为代表值外，其他伴随荷载均应以小于标准值的荷载值为代表值，即可变荷载组合值。可变荷载组合值可表示为$\Psi_c Q_k$。其中Ψ_c为可变荷载组合值系数，其值按建筑结构荷载规范查取。

4. 可变荷载频遇值

对可变荷载，在设计基准期内，其超越的总时间为规定的较小比率或超越频率为规定频率的荷载值(总的持续时间不低于50年)，称为可变荷载频遇值。可变荷载频遇值可表示为$\Psi_f Q_k$。其中Ψ_f为可变荷载频遇值系数，其值按建筑结构荷载规范查取。

5. 荷载设计值

荷载标准值是指在正常工作状态下的荷载值，而设计值是荷载标准值与荷载分项系数乘积，保证系统的安全可靠性。在结构设计计算中，只是按照承载力极限状态计算荷载效应组合设计值的公式引用了荷载分项系数。因此，只有在按照承载力极限状态设计时才需要考虑荷载分项系数和设计值。在考虑正常使用极限状态设计中，当考虑荷载标准组合时，恒荷载和活荷载都用标准值；当考虑荷载频遇组合和准永久组合时，恒荷载用标准值，活荷载用频遇值和准永久值。

4.2 高层建筑风荷载

4.2.1 风荷载

1. 定义

风是空气相对于地球表面的流动，主要是由太阳辐射热对地球大气的不均匀加热，使相同高度上两点间产生的压差所造成。建筑物设计方面所关注的是近地风。在接近地表的某一高度范围内，由于受到地表摩阻力的影响，风速的平均值将随着高度的降低而减小。近地表某高度风速为零，高度到达一定高度时，摩阻力的影响将会消失，风速趋近于常数，该高度称为梯度风高度，该高度以下为大气边界层。在大气边界层内，部分动能将转化为作用在结构物上的外力，当风受到结构物阻碍时，这种外力即称作风荷载。

2. 分类

大多数工程结构的高度均处在这一范围内，所以结构风工程也只针对大气边界层进行研究。该范围内的风荷载既受时间历程的影响，又受空间位置变化，所以是非定常的随机荷载。风速实测表明：在风速时程曲线中含有两种成分，即周期仅有几秒钟的短周期成分和周期在10min以上的长周期成分，所以研究中通常把自然风区分为短周期的脉动风和长周期的平均风。平均风速随高度的增加而增大是风速的基本特征，平均风速变化比脉动风速随高度的变化明显，脉动风速是随着空间参数和时间参数变化的多维随机过程。

3. 特点

由于工程结构阻塞大气边界层气流的运动引起了风荷载，具有如下特点：

(1) 风荷载与空间位置及时间（不确定性）有关，受地形、地貌、周围环境等因素影响；

(2) 结构的几何外形与风荷载相关，不同结构部分对风敏感程度都不同；

(3) 对具有显著非线性特征的结构，可能产生流固耦合效应的；

(4) 结构尺寸在多方面较为相似，需要考虑风荷载的空间相关性；

(5) 脉动风的频率、风向、强度是随机的；

(6) 风荷载具有动力和静力双重特点，高层建筑的振动（即风振）是由动力部分即脉动风的作用引起的。

对于高层建筑来说，动态风荷载不容忽视，要比较准确地确定风荷载往往要依赖于模型风洞试验。

4.2.2 结构风工程

1. 研究内容与方法

结构风工程主要的研究内容包括近地风特性、建筑钝体空气动力学和气动弹性力学、结构的风荷载和响应及破坏机理、结构风荷载及响应的控制方法、结构抗风设计方法等。主要涉及的工程对象为大跨桥梁、大跨空间结构、高层和超高层建筑、高耸结构（电视塔、输电线塔等）、大型工业结构（大型内阁起重机和工程施工机械等）、低矮房屋等。研究的主要方法包括现场实测（桥梁、建筑）、风洞试验（模型试验）、理论分析和数值模拟。

2. 结构风响应

工程结构受风的影响效应，风的自然特性、结构的动力特性以及风和结构的相互作用制约风对结构的作用，从工程抗风设计的角度，自然风可分解为随时间变化的脉动风和不随时间变化的平均风两部分。在风的作用下，结构上的风力含有顺风力（阻力）、横风力（升力）和扭力矩三种。

(1) 顺风向效应：是必须在结构抗风工程中考虑的效应，多数状况下起主要作用。

顺风向风力分为平均风和阵风。平均风对结构的作用相当于静力，又称稳定风，只需知道平均风的数值就能按力学方法进行构件内力计算。阵风对建筑结构的作用是动力的，又称脉动风或阵风脉动,结构风振是结构在脉动风作用下将产生的振动。用概率统计法则来分析脉动风的数据的原因是脉动风是一种随机荷载。所以,不能采用一般确定性的结构动力分析方法来分析脉动风对结构的动力作用,应该以概率统计法则和随机振动理论为依据。

(2) 横风向效应及共振效应:在横风力作用下,由于空气的流速和黏性,在结构的尾部会发生流体旋涡并且脱落。它的产生与雷诺数 Re 和结构的截面形状有关,雷诺数是指气流的惯性力与黏性力之比。它是衡量平滑流动的层流,向混乱无规则的湍流转变的尺度。不同范围的雷诺数会产生不同形态的流体旋涡脱落和结构风致振动,$Re<3\times10^5$ 为亚临界范围,出现周期性旋涡脱落振动;Re 取 $3\times10^5\sim3.5\times10^6$ 为超临界范围,出现不规则的随机振动;$Re>3.5\times10^6$ 为跨临界范围,出现规则的周期振动。当结构的自振频率等于旋涡脱落的频率时则会引起涡激共振。

(3) 空气动力失稳:结构运动会无限制地增大。当风速达到某一临界值时,从而产生空气动力失稳。在风的作用下,结构的振动对空气力的反馈作用产生了一种自激振动机制,如驰振和颤振达到临界状态时,将发生危险的发散振动;抖振是在脉动风作用下的一种有限振幅的随机强迫振动。风对结构的作用见表 4-1。

表 4-1　　风对结构的作用

<table>
<tr><th>分类</th><th colspan="4">作用形式与破坏现象</th><th>作用机制</th></tr>
<tr><td rowspan="3">静力作用</td><td colspan="4">静风力引起的内力与变形</td><td>平均风静风压产生的阻力、升力和力矩</td></tr>
<tr><td colspan="2" rowspan="2">静力不稳定</td><td colspan="2">扭转发散</td><td>静力矩</td></tr>
<tr><td colspan="2">横向屈曲</td><td>静阻力</td></tr>
<tr><td rowspan="5">动力作用</td><td colspan="2">抖振(紊流风响应)</td><td colspan="2" rowspan="2">限幅振动</td><td>紊流风</td></tr>
<tr><td rowspan="4">自激振动</td><td>涡振</td><td>漩涡脱落引起的涡激力</td></tr>
<tr><td>驰振</td><td rowspan="2">单自由度</td><td rowspan="3">发散振动</td><td>自激力的气动</td></tr>
<tr><td>扭转颤振</td><td>负阻尼效应-阻尼驱动</td></tr>
<tr><td>古典耦合颤振</td><td>双自由度</td><td>自激力的气动刚性驱动</td></tr>
</table>

4.2.3 风效应计算

1. 理论基础

作用于结构上的荷载有两种类型。一种是确定性荷载,在不同的作用下,荷载的性质和大小都是相同的;另一种是随机荷载,在完全相同的条件且不同次的作用时,很难或不会重现原来荷载的性质和大小。风荷载是不确定性的荷载,这一次的强风规律并不能反映过去或将来某次强风的规律,重复性的概率是很小的。风荷载是一种随机荷载,分分秒秒都在不停地变化着。那么,如果按照年最大风速为参数,则每一年的统计值也不相同。它的数值随机变化,既不重复出现,事先也无法知晓,所以只能把它当作随机变量。分布开始呈现出一些规律性,当"年最大值"统计得足够多时,统计量愈多规律性就愈明显。那么,它的变化规律性,就受到概率法则的支配。我国和世界其他国家的科学工作者应用概率理论在这一研究领域已经取得了很多重要成果,实用的风荷载计算方法适合建筑结构的设计需要。

2. 计算方法

根据现今的研究成果,风对建筑结构作用的计算可分为下面三个方面:采用静力计算方法计算顺风向的平均风;随机振动理论计算对于顺风向或横风向的脉动风;对于横风向的周期性风力,或引起扭转振动的外扭矩,通常作为确定性荷载,对建筑结构进行动力计算。

(1) 风速与风压

当风以一定的速度向前运动遇到阻塞时,将对阻塞物产生压力,即风压。一般,由实测记录的是风速,但工程设计中则采用风压(或风力)进行计算,这就需要将风速转换为风压。

根据伯努利方程得到自由气流风速提供给单位面积上的风压力为:

$$w=\frac{1}{2}\rho v^2 \tag{4-2}$$

由于地理位置不同,空气密度不同,风压也会有所不同。为了便于研究和实际工程设计,需要确定"规定条件"下的风速与风压,这就是所谓的基本风速或基本风压。

(2) 顺风向风效应计算

对于主要承重结构,顺风向风效应=顺风向平均风效应+顺风向脉动风效应,即:

$$w(z)=\overline{w(z)}+w_d(z)=1+w_d(z)/w(z)=\beta_z\mu_s\mu_z(z)w_0 \tag{4-3}$$

式中 β_z——高度 z 处的风振系数,是考虑脉动风作用下动力影响的总等效系数;

μ_s——风荷载体型系数;

$\mu_z(z)$——风压高度变化系数(对于其他国家规范的是风压方向系数);

w_z——基本风压。

对于围护结构,由于其刚度一般较大,在结构效应中可不必考虑其共振分量,可仅在平均风的基础上,近似考虑脉动风瞬间的增大因素,通过阵风系数 β_{gs} 来计算风效应,即

$$w_k=\beta_{gs}\mu_s\mu_z(z)w_0 \tag{4-4}$$

式中 β_{gs}——阵风系数,$\beta_{gs}=k(1+2u_f)$;

k——地面粗糙度调整系数,$k=0.92$(A类);$k=0.89$(B类);$k=0.85$(C类);$k=0.80$(D类);

u_f——脉动系数,根据国内实测数据,并参考国外规范资料取。

基本风压(w_0)是风荷载的基准压力,数据一般按当地空旷平坦地面上 10m 高度处 10min 的平均风速观测,经概率统计得出 50 年一遇最大值确定的风速,然后考虑相应的空气密度,按公式 $w_0=0.5\rho v^2$ 确定的风压值。基本风压可从《建筑结构荷载规范》(GB 50009—2012)附录中查得。

风速是随距地面的高度增加而相应增加的,故风压也是随离地面高度的增加而相应增加的。地面粗糙程度是风速随高度变化规律的主要取决因素。地面粗糙度是指风在到达结构物以前吹越过 2km 范围内的地面时,描述该地面上不规则障碍物分布状况的等级。但当距离地面 450m 以上时,风速不受地面粗糙程度的影响,且风压高度变化系数 $\mu_z(z)$ 也为常数(表 4-2)。规范将地面粗糙度分为 A、B、C、D 四类。A 类指近海海面和海岛、海岸、湖岸及沙漠地区;B 类指田野、乡村、丛林、丘陵以及房屋比较稀疏的乡镇和城市郊区;C 类指有密集建筑群的城市市区;D 类指有密集建筑群且房屋较高的城市市区。

风荷载体形系数是指风作用在建筑物表面上所引起的实际压力(或吸力)与来流风压的比值,它描述的是建筑物表面在稳定风压作用下的静态压力的分布规律,主要与建筑物的尺度和体型有关,也与地面粗糙度和周围环境有关(图 4-1)。风荷载体形系数可从《建筑结构荷载规范》查得。

表 4-2　　　　风压高度变化系数

离地面或海平面高度(m)	地面粗糙度类别			
	A	B	C	D
5	1.17	1.00	0.74	0.62
10	1.38	1.00	0.74	0.62
15	1.52	1.14	0.74	0.62
20	1.63	1.25	0.84	0.62
30	1.80	1.42	1.00	0.62
40	1.92	1.56	1.13	0.73
50	2.03	1.67	1.25	0.84
60	2.12	1.77	1.35	0.93
70	2.20	1.86	1.45	1.02
80	2.27	1.95	1.54	1.11
90	2.34	2.02	1.62	1.19
100	2.40	2.09	1.70	1.27
150	2.64	2.38	2.03	1.61
200	2.83	2.61	2.30	1.92
250	2.99	2.80	2.54	2.19
300	3.12	2.97	2.75	2.45
350	3.12	3.12	2.94	2.68
400	3.12	3.12	3.12	2.91
>450	3.12	3.12	3.12	3.12

资料来源:《建筑结构荷载规范》(GB50009—2012)

当建筑群,尤其是高层建筑群,房屋相互间距较近时,由于漩涡的相互干扰,房屋某些部位的局部风压会显著增大,设计时应予以考虑。

风力作用在高层建筑表面,其压力分布很不均匀,在角隅、檐口、边棱处和在附属结构的部位(阳台、雨篷等外挑构件),局部风压会超过按表所得的平均风压。《建筑结构荷载规范》(GB 50009—2012)中对负压区可根据不同部位分别取体形系数为－1.0 和－2.2。

对封闭式建筑物,考虑到建筑物内实际存在的个别孔口和缝隙,以及机械通风等因素,室内可能存在正负不同的气压。《建筑结构荷载规范》(GB 50009—2012)规定:对封闭式建筑物的内表面压力系数,按外表面风压的正负情况取－0.2 或 0.2。

根据《建筑结构荷载规范》(GB 50009—2012)规定,以风振系数 β_z 来描述动力反应的影响。规定对于高度大于 30m 且高宽比大于 1.5 的房屋结构,以及基本自振周期 T_1 大于 0.25s 的塔架、桅杆、烟囱等高耸结构,应采用风振系数来描述风压脉动的影响,对于高度低于 30m 或高宽比小于 1.5 的房屋以及自振周期 $T_1<0.25$s 的塔架、桅杆、烟囱等高耸结构,取 $\beta_z=1.0$。

(3) 横风向风效应计算

一般情况下,结构横风向效应与顺风向效应相比可以忽略。然而,在亚临界范围,特别在跨临界范围,横向风力为周期性荷载,即:

$$P_l(z,t)=P_l\sin\omega_s t$$

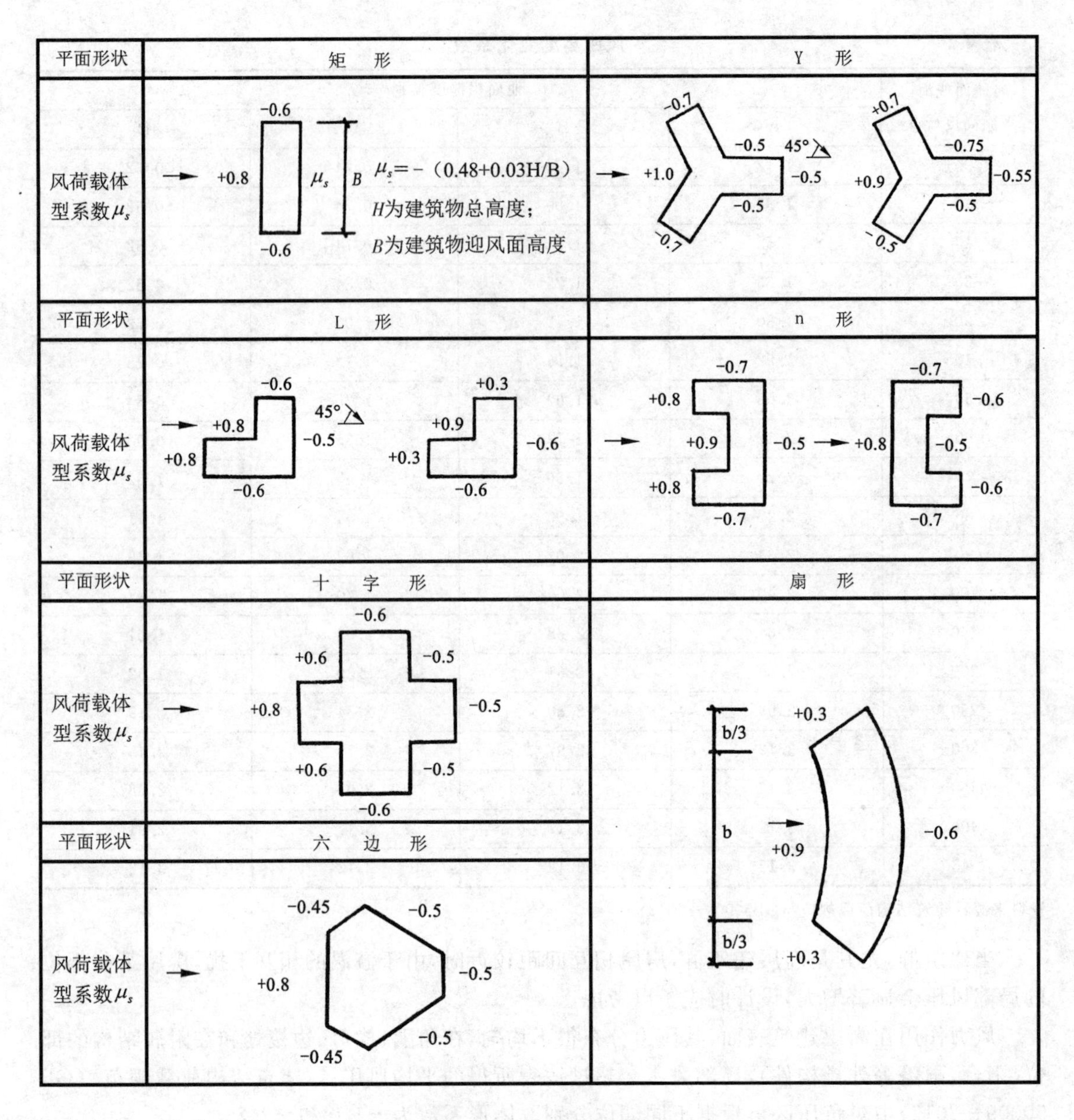

图 4-1　风荷载体形系数

资料来源：《建筑结构荷载规范》(GB 50009—2012)

$$\omega_s = 2\pi f_s = \frac{2\pi S_t v(z)}{B(z)} \tag{4-5}$$

跨临界范围、亚临界范围的结构横风向作用具有周期性，结构横向风作用力为：

$$P_l(z,t) = \mu_L P(\rho v^2) B \tag{4-6}$$

$$P_l(z,t) = 0.5\mu_L P(\rho v^2) B(z) \sin\omega_s t \tag{4-7}$$

式中，μ_L 为横风向风力系数，与雷诺数 Re 有关。

横风向风振主要考虑的是共振影响，因而可与结构不同的振型发生共振效应。对跨临界的强风共振，设计时必须按不同振型对结构予以验算。

考虑顺风向动力作用效应(脉动效应)与横风向动力作用效应(风振效应)的最大值不一定在同一时刻发生,采用平方和开方近似估算总的风动力效应。

对于非圆形截面的柱体,如三角形、方形、矩形、多边形等棱柱体,都会发生类似的漩涡脱落现象,产生涡激共振,其规律更为复杂。对于重要的柔性结构的横向风振等效风荷载宜通过风洞试验确定。

4.3 风荷载对高层建筑的作用

4.3.1 高层建筑受力主要特点

1. 风荷载成为决定因素

低矮建筑结构设计的控制荷载一般是以重力为代表的竖向荷载,而高层建筑荷载成为结构设计的决定性因素主要是以风荷载和地震作用为主的水平荷载。结构高度增加,水平荷载影响则增加。

2. 结构侧移成为主要控制目标

通常只考虑弯曲变形的影响是在低层建筑结构的分析中,其变形控制主要针对竖向位移进行。对高层建筑结构而言,侧移控制有两方面要素,一是保证结构安全,二是保证结构舒适度和正常使用。侧移控制是保证结构合理性的一个综合性指标。

3. 结构动力响应成为关键因素

低层建筑的设计主要按静力问题处理,设计考虑的关键因素应该是高层建筑的风振、地震动力响应。对结构很重要的荷载效应是结构的动力特性影响形成的。由于风和地震作用的复杂性,高层建筑风振和地震的响应分析至今仍处在深入研究中。高层建筑动力响应是结构整体性能的体现,它是由结构特征、环境作用等诸因素综合影响决定的,高层结构动力响应分析设计难度较大的另一个原因是要获得满意的结构动力响应特征必须综合考虑结构系统。

4. 减轻自重具有重要意义

高层建筑的结构设计要求尽可能地采用轻质、高强度且性能良好的材料,在减小重力荷载的同时可减小基础压力和造价;又因结构所受动力荷载的大小直接与质量有关,减小质量还有助于减小结构动力荷载。

5. 结构体系合理与否取决于能否有效提供抗侧能力

在满足空间设计和建筑造型的前提下,如何有效形成抗侧力体系是结构体系和结构方案的关键因素。抗侧力体系的有效性也是结构体系经济性的主要取决因素。因此,高层建筑高度的不同而结构体系也有较大的变化。高层建筑结构设计的关键是合理确定抗侧力结构。

4.3.2 风荷载对高层建筑的作用

高层建筑物由于风荷载作用,迎风面受到压力且背风面因为旋涡的形成而产生吸力,建筑拐角处有较大吸力出现,建筑物表面与空气形成摩擦力。这些力并不是均匀分布在建筑物表面的,建筑位于大气边界层中在湍流风的作用下情况很复杂。建筑物周围的气流不仅在沿建筑物高度方向不均匀,而且具有平面上的不均匀性;实际建筑物的形状也会更加多样,因建筑的体型不同,气流在建筑物的表面的发展也不同;湍流能够加剧建筑物周围的气压或气流的复杂性；气流的形成与发展产生也受建筑物周围的其他建筑影响。

由于建筑高度的迅速增大、建筑结构体系的不断改进，以及高强轻质材料的使用等方面的因素，使得高层建筑结构越来越柔，刚度越来越小，水平位移也相对很大。风对高层、高耸结构的影响包括安全性和适应性两个方面。高层建筑由于高度的增加，水平荷载影响急剧增加，使得结构侧移成为主要的控制指标。高层建筑的侧移，对建筑物的安全和使用有很大影响：结构会产生过大的附加内力。当侧向变形过大，这种内力与位移成正比，附加内力越大位移越大，可能形成恶性循环并且加速建筑物的倒塌。侧向变形过大时会导致结构性的裂缝或损坏，从而危及结构的耐久性和正常使用；会使隔墙、幕墙、围护墙、电梯及各种饰面出现裂缝或破坏；同时，位移问题还会影响人们使用建筑物的舒适度，心里产生恐惧感，这将影响人的正常生活和工作。

4.3.3 高层建筑风效应

在高层建筑的抗风研究中，通常把结构风效应分成顺风向、横风向和扭转效应来研究。

迎风面及背风面的风压引起高层建筑顺风向风效应。来流风的风速大小及其脉动特性与迎风面及背风面风压的大小及其脉动特征密切相关，在低频范围更是如此。因此，准定常理论及片条理论可以量化顺风向等效风荷载。在工程研究中，平均风速与脉动风速叠加组成看作自然风，相对的，高层建筑顺风向风效应可分为静力响应和动力响应两个部分。由平均风速引起的平均风压形成了静力响应，脉动风速引起的脉动风压与动力响应有关。动力响应又可以分为共振响应和背景响应。被结构振动放大了的那一部分响应称为共振响应，结构的动力特性与它有关。没有被结构振动放大的那一部分响应称为背景响应，它与结构振动无关，与脉动风频谱及其空间相关性以及结构刚度有关。

横风向荷载的形成机理要比顺风向荷载复杂得多，横风向等效风荷载及响应的理论计算方法迄今为止还没有形成并且被普遍接受。但是，试验表明，在相同情况下，顺风向通常比超高层建筑的横风向响应及等效静力风荷载的小，有研究表明，方形建筑在 B 类风场中的横风向脉动基底弯矩系数是顺风向的 3～4 倍。超高层建筑舒适性设计常常是由横风向振动控制的。尤其是近几十年来，超高层建筑往更高、更柔的方向发展，动力响应就更加强烈，舒适性问题越突出，横风向等效风荷载及响应问题的研究变得更加重要。普遍认为横风向荷载主要来源于来流湍流、尾流激励和气动反馈三个方面。它与尾流的脉动及分离剪切层有关，当准定常理论不再适用时，只能通过试验数据用随机振动理论进行处理。

迎风面、背风面和侧面风压分布的不对称形成了扭转方向的风荷载，与建筑尾流中的旋涡及风的湍流有关。所以，估算横风向风荷载与估算扭转风荷载的方法有相似之处。

4.3.4 高层抗风应考虑的问题

风力在建筑物表面的分布很不均匀，在角区和建筑物内收的局部区域，会产生较大的风力。风力作用比地震作用持续时间较长，其作用更加接近静力，但建筑物的使用期限出现较大风力的次数较多。大风的重现期很短因为有较长期的气象观测，所以风力大小的估计和地震作用大小的估计相比，风力大小的估计较为可靠。而且抗风设计具有较大的可靠性。在高层建筑的抗风设计中，应考虑下列问题：

(1) 保证结构有足够的强度，能可靠地承受风荷载作用下所产生的内力；

(2) 控制高层建筑在风力作用下的位移就必须满足结构所需足够的刚度，从而保障良好的居住和工作环境；

(3) 选择合理的结构体系和建筑体型。减轻风振的影响可以采用较大的刚度；减少风压的数值可以采用圆形、正多边形的平面；

(4) 尽可能采用对称的结构布置和对称的平面形状来减少风力偏心所产生的扭转影响；

(5) 外墙(尤其是玻璃幕墙)、窗玻璃、女儿墙及其他围护和装饰构件必须与主体结构可靠地连接，并且有足够的强度来防止产生建筑物的局部损坏。

4.4 变形控制

高层建筑结构的刚度控制也称为变形控制，对于控制风振侧移是十分重要的，决定建筑物破坏程度的因素是结构侧移特别是层间侧移，因此，检验抗侧力体系的有效性指标是能否将侧移控制在允许限度内。

4.4.1 静力分析方法

在风荷载的作用下，高层建筑结构的变形主要有两个方面的限制：一是限制总高度与结构的顶端水平位移的比值，目的是为了控制结构总变形量；二是限制层高与相邻两层楼盖间的相对水平位移的比值，目的是为了防止装饰部件、填充墙的损坏，避免管道等设施和电梯轨道变形过大。

对于位移的限定，同时也是高层建筑具有足够刚度的要求。在高层及超高层建筑设计中，侧向刚度是主要考虑的因素。正常使用条件下高层建筑结构应处于弹性状态并具有足够的刚度，避免产生过大的位移而影响结构的承载力、使用条件和稳定性。水平位移指标指能准确判断建筑侧向刚度的参数。因此建立水平位移指标的限值是一个重要的设计规定。如今，该指标尚未有一个能够被广泛接受的值，不同国家及地区运用的水平位移设计限值一般在 $H/1000$～到 $H/200$ 的范围中。一般惯用结构形式可直接在 $H/650$～$H/300$ 的范围中取值，相应水平位移指标取值随着建筑高度的增大降低，直至下限值。按弹性方法计算的楼层层间最大位移与层高之比也不能超过一定的限制。

当强行确定水平位移指标限值时，必须有可靠的工程依据。但是，一般惯用结构形式仍旧可以直接在 0.0015～0.003(约 1/650～1/300)H 范围中，应确保结构具有充分的刚度，即使在最危险的作用下顶端位移也不得超过以上值。相应水平位移指标参数随着建筑高度的增加取值降低降到下限值，从而使得顶层位移控制在适当的范围内。

4.4.2 动力分析方法

1. 简化模式

一幢高层建筑就像一根竖直放置的嵌固于地基的带横肋的巨型空间构架式“悬臂梁”，“悬臂梁”抵抗水平荷载的抗弯刚度就是高层建筑结构抗侧刚度。显然，一根竖向放置的悬臂梁远比实际的高层建筑结构简单，但是从宏观控制的角度来分析，用一根竖向“悬臂梁”来模拟实际的高层建筑结构的基本概念是有效和可行的。

刚度计算时采用以下假定：①水平风荷载作用沿建筑物的竖向分布采用倒三角形；②执行弹性理论和方法；③忽略扭转影响及结构抗扭刚度。由此得到竖向“悬臂梁”顶点弯曲侧移为

$$U_m = \frac{11TH^3}{60EI} = \alpha T \tag{4-8}$$

式中 EI——结构的总刚度；

T——结构基地总水平风力标准值，计算公式如下：

$$T = \sum_{i=1}^{n} wh_i B \tag{4-9}$$

式中 h_i——楼层节点上下各半层高之和；

B——结构水平宽度；

w——为沿高度变化的风荷载标准值，按《建筑结构荷载规范》(GB 50009—2001)计算。

2. 随机振动模式

基本自振周期大于 0.25s 各类结构时应该考虑风压脉动引起结构振动的影响。脉动风力为随机动力荷载，所以应该根据风工程实测资料和随机振动理论进行分析。对于高层建筑来说，作为一维结构处理时应当考虑风压空间相关性。作为多自由度体系，当自由度过多时就会接近无限自由度体系，因而二者分析具有相同性质，多自由度体系振动方程为：

$$[M]\{\ddot{y}\} + [C]\{\dot{y}\} + [K]\{y\} = \{P(t)\} = \{P\}f(t) \tag{4-10}$$

相应的无限自由度振动方程为：

$$m(z)\frac{\partial^2 y}{\partial t^2} + c(z)\frac{\partial y}{\partial t} + \frac{\partial^2}{\partial z^2}\left(EI(z)\frac{\partial^2 y}{\partial z^2}\right) = p(z)f(t) = \int_0^l w(x,z)f(t)\,\mathrm{d}x$$

式中 $m(z)$、$c(z)$、$I(z)$、$p(z)$——分别为沿高度 z 处单位高度上的质量、阻尼系数、惯性矩和水平风力；

$f(t)$——时间函数，最大值为 1；

$w(x,z)$——位于坐标 (x,z) 处的单位面积上的风力。

设用振型分解法求解，位移按振型展开为：

多自由度体系：

$$\{y\} = [\varphi]\{q\}$$

无限自由度体系：

$$y(z,t) = \sum_{j=1}^{\infty} \varphi_j(z)q_j(t) \tag{4-11}$$

式中 φ_j——j 振型在高度 z 处的值，可由结构动力学求得；

q_j——j 振型的广义坐标。

考虑质量、刚度振型正交性，假设阻尼亦符合振型正交性，则得广义坐标方程为：

$$\ddot{q}_j(t) + 2\zeta_j w_j \dot{q}_j(t) + w_j^2 q_j(t) = F_j(t)$$

$$F_i(t) = \frac{\int_0^H \int_0^{l(z)} w(x,z)\varphi_j(z)\,\mathrm{d}x\mathrm{d}z}{\int_0^H m(z)\varphi_j^2(z)\,\mathrm{d}z} f(t) \tag{4-12}$$

式(4-12)要根据随机振动理论来求解。因为脉动风是随机的，此时输入脉动风并且用谱密度表示，需要考虑不同点之间风压的空间相关性。工程结构阻尼较小则各振型之间的交叉主要影响较小，可以略去；对于位移来说，第一阵型影响起着主要的作用而可将高振型影响略去，由此可得到风振位移根方差 $\sigma_y(z)$，将此值乘以保证系数，即得风振设计位移值 $y_d(z)$，简化后为：

$$y_d(z) \approx y_{d1}(z) = \frac{\xi_1 u_1 \varphi_1(z) w_0}{w_1^2} \tag{4-13}$$

$$\xi_1 = w_1^2 \sqrt{\int_{-\infty}^{+\infty} |H_i(iw)|^2 S_i(w) \mathrm{d}w}$$

$$u_1 = \frac{\left[\int_0^H \int_0^H \int_0^{l(z)} \int_0^{l(z')} u_f(z) u_x(z) u_z(z) u_f(z') u_x(z') u_z(z') \rho_{xz}(x,x',z,z') \varphi_1(z) \varphi_2(z') \mathrm{d}x \mathrm{d}x' \mathrm{d}z \mathrm{d}z'\right]^{\frac{1}{2}}}{\int_0^H m(z) \varphi_1^2(z) \mathrm{d}z}$$

式中 u_1——考虑风压空间相关性后，单位基本风压下，第一振型广义脉动风力与广义质量的比值；

ξ_1——相应的动力系数。

当取空间相关性系数与风的频率无关仅与位置有关的 $\rho_{xz}(x,x',z,z')$ 时，ξ_1、u_1 的值为：

$$|H_1(iw)|^2 = \frac{1}{w_1^2\left\{\left[1-\left(\frac{w}{w_1}\right)\right]^2 + \left[2\zeta_1 \frac{w}{w_1}\right]^2\right\}}$$

$$S_f(w) = \frac{2x_0^2}{3w(1+x_0^2)^{\frac{4}{3}}}, \quad x_0 = \frac{600w}{nv_{10}} = \frac{30}{\sqrt{w_0 T^2}}$$

$$u_f(z) = 0.5 \times 3.5^{1.9 \times (\alpha - 1.6)} \left(\frac{z}{10}\right)^{-\alpha}$$

$$\rho_{xz}(x,x',z,z') \approx \rho_x(x,x') \cdot \rho_z(z,z')$$

$$\rho_x(x,x') = \exp\left[\frac{-|x-x'|}{50}\right]$$

$$\rho_z(z,z') = \exp\left[\frac{-|z-z'|}{50}\right]$$

式中 $H_1(iw)$——第一振型频率响应函数；

$S_f(w)$——风谱，此时平均值=0，根方差=1；

$u_f(z)$——脉动系数；

$\rho_{xz}(x,x',z,z')$——风压空间相关性系数。

$$y_d(z) = \frac{\zeta_1 v_1 \varphi_1(z) w_0}{w_1^2} \cdot \frac{u_s l_x}{m}$$

对于等截面类型结构，式(4-13)亦可改写为 $U_m(H)$。

因此按照随机振动理论，对于等截面无扭转类型结构，由振型分解法可得到高层建筑结构顶点水平位移为：

$$U_m(H) = y_u(H) = y_d(H) + y_s(H) = (v_{s1} + \xi_1 v_1) \frac{\varphi_1(H) w_0}{w_2^2} \frac{u_1 l_1}{m} = C \cdot w_0$$

$$C = (v_{s1} + \xi_1 v_1) \frac{\varphi_1(H) u_s l_x}{w_1^2 \quad m}$$

式中 ξ_1——脉动增大系数；

φ_1——振型系数；

u_1——结构体型系数；

l_1——结构迎风面宽度；

w_0——基本风压；

m——结构单位高度上的质量；

w_1——结构第一振型振动频率；

v_1——脉动风等截面结构第一振型影响系数；

v_{s1}——平均风作用下等截面结构第一振型影响系数。

4.5 高层舒适性测评

设计者构思的高层建筑及其群体的外形和布局都不相同。当布局不当时，建筑物外部通常造成局部不良的风环境，如卷起的灰尘杂物堆积于背风区，屋顶覆盖物的掀起，破坏围护结构、门窗、幕墙玻璃，给交通安全及街道上的行人构成威胁。此外，很多高层建筑目前都采用钢结构框架，设计高度越来越高，重量越来越轻，其机械阻尼越来越低，对风力作用则越敏感，常常都是高柔性结构。结构工程师虽然能确保结构承受风荷载是安全的，但风致振动会使大楼产生摆动从而造成室内家具碰撞、吊灯摇晃等现象，使居住者在心理上感到不适。

1. 外部舒适性测评

人们通过长期试验观察，提出了对人们在外部空间中感到不舒适的指标——“不舒适参数”Ψ，用来测评近地面风环境的优劣。当 $\Psi \geqslant 1$ 时，人们在步行时开始感到不适，眼难睁，伞难撑。表 4-3 所示的是步行者受风影响情况判别。由此可见，仅当风速 $u_\infty \leqslant 5\text{m/s}$（或 $\Psi < 1$）是舒适的，4～7 级是不舒适的，8 级以上则认为是危险的。

表 4-3　步行者受风影响情况判别表

风速等级	3s 平均风速(m/s)	风速影响情况
1	0～5	人脸感到有风，但对行动或舒适性无影响
2	5～10	对风敏感，脚步偶有不规则，但大多数行动尚不受影响
3	10～15	步行不易，上身要前倾，脚步不规则，以直线前进
4	15～20	步行艰难，难以控制，整个身体前倾，且摇摆不定
5	20～25	安全行走的极限，安稳行走极难或不可能
6	25～30	危险风速(国际通用 23m/s 为危险风速极限)

根据高层建筑的外形、布局情况及风的相对方向测得的建筑物外部环境的不舒适参数 Ψ 值是不同的。常见的高层建筑群由于布局间相互干扰而引发的 Ψ 值变化情况如下。

(1) 压力连通效应。如图 4-2 所示，部分压力较高的风流向背面压力较低的区域，若建筑物间的距离小于建筑物的高度，且风垂直吹向错开排列的高层建筑物时，会形成街道风，并在街道上形成不舒适区域。该区不舒适参数 Ψ 是建筑物高度的函数。一般情况下，对 10～11 层建筑(约 35～40m)，$\Psi \approx 1.3 \sim 1.6$；特殊情况，当相互间隔不大时(小于 1/4 建筑高)，塔式高层建筑 $\Psi \approx 1.8$。

(2) 间隙效应。如图 4-3 所示，当风吹过突然变窄的剖面时(如底层拱廊)，会形成不舒适

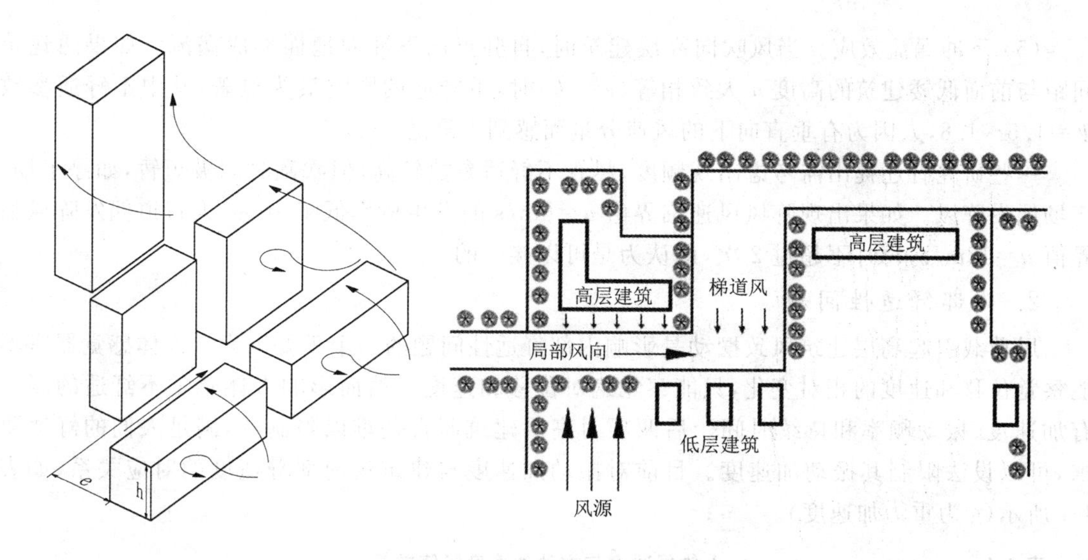

图 4-2　压力连通效应

区域，不舒适参数 $\Psi \approx 1.2 \sim 1.5$，主要取决于建筑的迎风面积与建筑物的高度或变窄剖面面积的比值。一般对 7 层建筑来说，底部不舒适参数 $\Psi \approx 1.2$；建筑高度大于 50m 时，$\Psi \approx 1.8$。

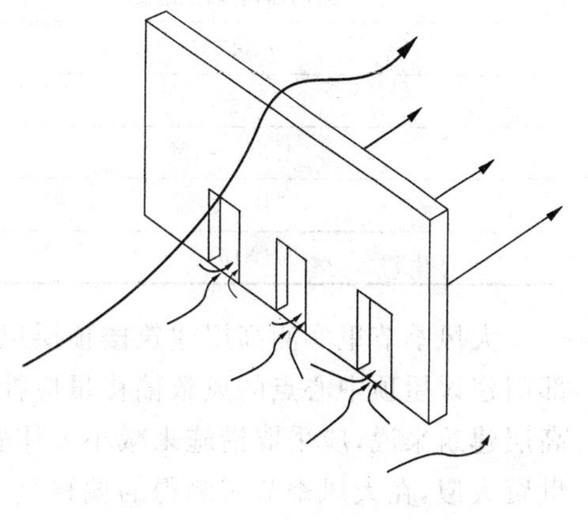

图 4-3　间隙效应

(3) 拐角效应。如图 4-4 所示，当风垂直吹向建筑时，在拐角处由于背面风的负压与迎面风的正压连通形成一个不舒适的拐角区域；有时，两幢建筑间也会形成不舒适区域。当两幢并排建筑的间距 $L \leqslant 2d$（d 为建筑物沿风向的长度），$\Psi \approx 1.2$。35～45m 高的塔式建筑，$\Psi \approx 1.4$；对于 100m 以上的塔式建筑，$\Psi \approx 2.2$。

(4) 尾流效应。在高层建筑尾流区里，自气流分离点的下游处形成不舒适的涡流区。建筑随着高度的增高，不舒适影响区逐渐增大，一般塔式建筑 $\Psi = 1.4 \sim 2.2$，其影响范围与塔式建筑的宽度与高度相近。低层建筑的影响区域纵深约为建筑高度的 1～2 倍，$\Psi = 0.5 \sim 1.6$。

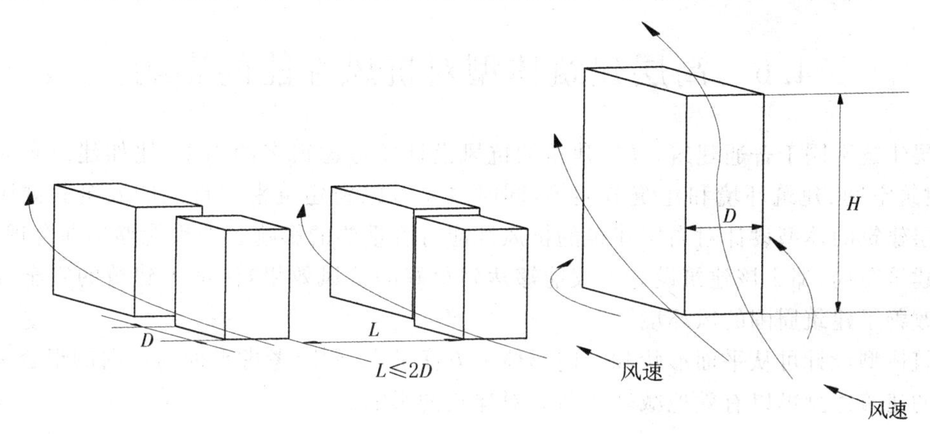

图 4-4　拐角效应

(5) 下冲涡流效应。当风吹向高层建筑时，自驻点向下冲向地面形成涡流。如果两建筑间距与前面低矮建筑的高度 h 大致相等($e=h$)时，不舒适的影响最为显著，其中不舒适参数 $\Psi=1.5\sim1.8$，人因为有垂直向下的风速分量而感到不舒适。

一些研究者还提出需考虑出现频度，尽管不舒适参数较高，但吹刮时间极短暂，如停车场、广场偶发阵风。如果出现阵风风速临界值 $u=6\text{m/s}$ 的发生概率低于 10%；人行道偶发阵风临界值 $u=12\text{m/s}$，每月不超过 2 次，即认为是可以接受的。

2. 内部舒适性问题

风荷载引起高层建筑风致摆动是影响内部舒适性问题的一个重要因素。人体感觉器官不能察觉位移和速度的相对变化，只能察觉绝对位移和速度。然而影响人体感觉不舒适的因素有加速度、振动频率和持续时间。后两项对高层建筑而言是难以限制的，满足人们的舒适要求，可以设法限制其振动加速度。目前对振动加速度与建筑物内部舒适度的对应关系，如表 4-4 所示(g 为重力加速度)。

表 4-4　人体舒适度与振动加速度限值关系

振动加速度限值(g)	人体舒适程度
<0.5%	无感觉
0.5%～1.5%	有感觉
1.5%～5%	令人不舒服
5%～15%	非常令人不舒服
>15%	无法忍受

大风季节里实测高层建筑楼顶层风致摆动的最大振幅是一种直观的测评标准。美国有关部门建议屋顶中心点的风致偏移量应控制在 $H/500$(H 为建筑高度)范围内，对于设计良好的高层建筑来说，应采取措施来减小人体感到不适的建筑摆动量。例如恐怖事件中倒塌的美国世贸大厦，在大风季节实测得的偏移量达 91cm，稍许超标，最后采用粘弹性阻尼器来减振，它的优点是无须经常监控并且无需电源。而目前控制高层建筑的摆动大多都采用可调质量阻尼器，由弹簧、质量块、液压减振器组成，加拿大多伦多 CN 大厦、澳大利亚悉尼的中心大厦、纽约的城市企业中心大厦及美国波士顿的约翰汉考克大厦已经使用。台北 101 大厦在 88～92 层安装了一个重达 660 吨的巨大钢球，设置了“可调质量阻尼器”。

4.6　高层建筑体型对抗风性能的影响

高层建筑不同于普通建筑，高层建筑的抗风设计要考虑很多的因素，比如建筑布局、建筑外形、建筑空间、建筑环境和建筑节能等，同时也要考虑到建筑来往行人的安全和健康问题。所以高层建筑的体型设计对高层建筑的抗风性能有着重要的影响。如果能够选择合理的建筑体型和建筑布局，那么该建筑设计不仅能够达到很好的抗风效果，保证了建筑的安全，同时还很好地改善了建筑周围的风环境。

建筑体型设计可从平面形状和竖向形体两方面考虑，同时考虑平面与竖向的组合关系，通过合理的建筑体型可以有效地减轻风荷载对建筑的影响。

1. 平面设计

(1) 流线型平面。顺风力和扭力矩都比较小的是圆形、椭圆形等流线型平面，风荷载比矩形平面减少 20% ~40%，是高层建筑抗风设计的最优平面。

(2) 正多边平面。正多边形平面多向对称、体形系数小，横风力、顺风力差别不大，且扭力矩影响很小。对于平面转角可采用切角处理以减小应力集中现象和角落效应，尤其是具有锐角的三角形可作为高层建筑抗风设计的常用平面。

(3) 复杂平面。因为高层建筑功能的复杂性及相关诸多影响因素，平面设计中不能仅仅使用简单的流线型或正多边平面。常用 L、T、H、Y、十字槽形等平面形状，此时，结合风向控制平面突出长度，并且选择有利于减小体型系数的朝向是平面设计的关键。

2. 竖向型体设计

(1) 选择锥状型体。上小下大的锥体和台体可以有效减小倾覆力矩，有利于避免最大风荷载，并且减小建筑受风面积。同时，高层建筑外柱倾斜，可使侧移减少 10%~50%，增大抗推刚度，并且产生反向水平分力。

(2) 控制体型比例。建筑的三维比例较大影响背风涡流区及风压分布，经分析得到高层建筑与结构设计中建筑长度 L、宽度 B、高度 H 之间有利于结构抗风的比例：H/B 比值宜为 3~4，且不应大于 6；L/B 比值宜为 2~3，不应大于 4。

3. 刚度设计

(1) 提高单体抗侧刚度。高层结构刚度宜为下大上小、渐变分布，还要保证足够的抗侧刚度，可以通过内部抗侧结构的刚度分布和建筑体型来实现。对于锥体和台体，体型所提供的刚度分布自身可以满足。对于体型上下均匀的柱体建筑，可以通过改变内部抗侧构件的截面大小，满足结构刚度的渐变分布。

(2) 并联高层建筑群。建筑高度较大时，要满足结构抗侧移刚度有难度，且每一个独立的高层建筑如同独立的悬臂结构。可以将单体高层建筑顶部利用连接体建筑或立体桁架连为并联高层建筑群，顶点侧移可以减为独立悬臂结构的 1/4 左右。

4. 泄风设计

对于高度和长度都较大的建筑，尤其是折线形平面或弧形且凹向迎风时，较大的横风力及共振作用会使结构的尾部产生流体漩涡脱落。

(1) 楼身泄风。结合周边风环境特征，可以结合中庭透空或设备层在楼身的合理高度处设置泄风开口。

(2) 底部泄风。为了减弱下沉涡流对地面的影响，可以在高层底部设置裙房或者近地面设置挑棚等。

(3) 泄风发电。利用建筑群间各种局部强风效应或高层建筑泄风开口，来设计风力发电系统，充分利用风能把不利变为有利。

4.7 高层建筑抗风结构控制

原来依靠结构构件弹塑性防止结构破坏的方法，随着建筑设计向着智能化方向迈进，有待改进，结构控制将是智能建筑技术的重要组成部分，是一种被认为能在 21 世纪满足人们城市建设目标要求的技术。

4.7.1 结构控制概念

结构控制是研究控制结构反应(位移、速度或加速度)的设计理论和应用技术。根据控制力是否有外加能源输入,可分为被动控制和主动控制。被动控制无外加能源,控制力是由结构响应被动施加的;主动控制是有外加能源的控制,是由一定的控制理论计算后主动施加的,因此,它更优于被动控制,但它有控制力小等弱点。于是,人们产生了结合两者优点的混合控制系统的想法。混合控制系统可以降低结构的重量,改善结构的动力性能,提高结构的承载能力,特别是主动结构控制,可以使结构的动力反应控制在设计者所要求的范围内。

4.7.2 结构控制的措施

1. 被动控制

(1) 耗能减振系统。耗能减振系统是把结构物的某些非承重构件设计成消能元件,或在结构物的某些部位设置阻尼器,在风荷载作用时,阻尼器产生较大的阻尼,大量耗散能量,使主体结构的动力反应减小。

(2) 吸振减振系统。吸振减振系统是使结构振动发生转移,并在主结构中附加子结构,为达到减小结构风振反应的目的,要使结构的振动能量在主结构与子结构之间重新分配。目前,调谐质量阻尼器(TMD)、调谐液体阻尼器(TLD)等是主要的吸振减振装置。

调谐质量阻尼器(TMD)安装在结构上部某层上或结构的顶层,是一种发展比较成熟的控制装置,将 TMD 系统的自振频率设计成与主体结构要控制的振型频率近似相等是应用了动力吸振器原理,起到共振吸能的目的。高层建筑 TMD 的惯性质量块可以利用顶层的水箱、机房或接近上部的旋转餐厅等。调谐液体阻尼器(TLD)是一种具有一定形状的盛水容器,固定在结构楼层(或楼面)上,可以是浅水、深水、大型水箱,也可以是多个小型容器的组合。

2. 主动控制

主动控制的研究涉及广泛,有控制理论、随机振动、结构工程、材料科学、计算机科学、机械工程、振动测量、数据处理等技术,是一门新兴的交叉学科。由于主动控制的控制效果不依赖外荷载的特性,其实时控制力可随激励的输入改变,所以优于被动控制。

主动控制算法主要有瞬时最优控制算法、模糊控制算法、预测实时控制算法、经典线性最优控制算法、随机最优控制算法、界限状态控制、极点配置法、滑动模态控制理论、独立模态空间控制法、神经网络控制等。

目前研究开发的主动控制装置主要有:主动控制调谐质量阻尼器、主动支撑系统、主动空气动力挡风板控制系统、线性马达控制系统、气体脉冲发生器等。

3. 混合控制系统

混合控制是将被动控制与主动控制同时施加在同一结构上的振动控制方式。一方面由于引入了主动控制,被动控制效果增强,系统可靠度提高;另一方面,由于被动控制参与主动控制,所需要的主动控制力减小,系统的可靠性和稳定性都有所增强。

第 5 章　风洞试验技术

5.1　概述

5.1.1　风洞试验

风洞试验是依据运动的相似性原理，将被试验对象（飞机、大型建筑、结构等）制作成模型或直接放置于风洞管道内，通过驱动装置使风道产生人工可控制的气流，模拟试验对象在气流作用下的性态，进而获得相关参数，以确定试验对象的稳定性、安全性等性能。

空气动力学对航空飞行器发展起着决定性作用。在研究航空飞行器初期，1871 年人们对空气动力问题的认识尚浅，风洞在人们对空气动力的研究过程中应运而生。英国人文翰（F. H. Wenhan）建造了世界上第一座风洞。1901 年美国怀特兄弟（O. Wright 和 W. wright）建造了风速 12m/s 的风洞，并通过风洞试验，发明了世界上第一架实用的飞机。风洞自 19 世纪后期问世以后，为风效应研究创造了良好的试验条件，并逐渐适用于建筑、汽车、大气环境等方面（图 5-1—图 5-3）。

图 5-1　汽车风洞试验

图 5-2　建筑风洞试验

图 5-3　上海中心风洞试验

自 20 世纪 30 年代开始，对风洞试验的研究发展到了理论阶段。英国皇家物理实验室（NPL）通过低湍流度风洞试验模拟了风对建筑物的影响，指出了大气边界层湍流模拟对试验的准确性有很大的影响。1934 年，世界上第一座环境风洞在德国问世，普兰特尔（L. Prandtl）教授利用该风洞对环境问题展开了试验研究。20 世纪 50 年代末，丹麦延施（M. Jaensen）阐述了风洞模型相似性问题的重要性，并指出在风洞试验中必须模拟大气边界层气流的特性。另外，美国和加拿大长试验段的大气边界层风洞的相继建成，标志着风工程模拟研究进入专业化阶段。

自 20 世纪 80 年代开始，模拟大气边界层风特性技术有了较为长足的发展，此外人们成功研制了许多专用的风洞试验仪器和检测设备，在很大程度上提高了风洞模拟各种气象、地面及地形特征的能力，以及扩大了研究空气污染和风压、风振等问题的范围。20 世纪 90 年代，澳大利亚科诺特（W. C. Kernot）和丹麦伊尔明厄（J. O. Irminger）相继通过风洞试验测量了房屋模型屋面和表面的风压分布，并且验证了风洞试验的准确性。对于特种结构、大跨桥梁、高耸塔桅结构、高层建筑群、大型屋盖等，建筑物模型进行风载荷试验分析十分重要，目前风洞试验方法已在我国《建筑结构荷载规范》（GB 50009—2012）中得到建议应用。

5.1.2 主要类型

风洞试验起初适用于航空和航天技术专业，由于风洞试验的稳定性与适用性，随着经济条件和技术水平的提高，风洞试验在其他行业中也逐渐得到广泛的应用。虽然在风洞中进行的试验是各种各样的，但是可以大体归纳为以下四种类型。

1. 空气动力学的基础性研究

通过人工产生和控制气流可以研究某些空气动力学的基本流动规律。例如，一些典型形状物体表面的气体流动现象，物体表面湍流的发展规律，紊流的结构与流动规律，物体表面的气流分离、尾流、脱体激波，以及激波与附面层相互干扰等。

2. 为飞行器设计提供新的布局技术

这类试验大致相当于应用性灾难验证研究。即通过一系列系统的试验，为飞行器设计提供新的部件外形或布局技术。试验过程一般为采集数据、整理归纳、拟合数据曲线、传递给设计师和研究者，最后设计师和研究者反馈研究结果。这类试验不一定只适用于某个型号的设计，但要求有一定的系统性。除了提供气动性能的数据以外，还经常需要有流动现象的机理性分析。

3. 飞行器的生产试验

设计一种飞行器，如军用飞机，在方案设计阶段，按照飞机的性能需求及凭借设计经验，拟定出几种甚至几十种可能的气动设计方案。通过风洞试验测试方案模型性能，比较它们的优劣并做出选择。如今，计算机和计算流体力学发展迅猛，可以通过数值风洞选择初步方案，但最终几个方案的选择，必须得由风洞试验确定，此类试验称为选型试验。方案确定后，在进行飞机的详细设计时，还需要进一步进行更详尽的试验，即所谓定型试验。定型试验的结果，将作为一种依据用于设计，因而要求数据更为准确。选型和定型试验大致可分为分裂体模型试验、稳定性及操纵性试验、局部放大模型试验、压力分布试验、特殊试验(如颤振试验和尾旋试验)及全尺寸试验。

4. 非航空航天的气动力试验

工业技术的发展促使风洞试验逐渐应用于非航空航天的工业部门，包括机械、农业、林业、建筑、桥梁、车辆、船舶、生物、气象、能源、环境保护、电力和体育等领域，形成了一门新的学科，称为“工业空气动力学”或“风力工程学”。建筑物(包括桥梁、高层建筑、雷达天线、电视塔、高压电缆及塔架等)的风载荷特性也是风洞试验的一个重要课题。风荷载是高层建筑的主要横向荷载之一，在结构设计过程中，往往很难通过建筑荷载规范精确计算结构的体型系数和风振系数，特别是体型复杂的结构，在实际中采用风洞试验比较容易获得结构的体形系数和风振系数。其中风压分布、体型系数通过刚性模型侧压风洞试验获得，动力效应、风振系数则通过气动弹性模型风洞试验获得。风洞试验在一般工业部门中的应用才刚刚开始，仍然有很多新的研究内容，有广阔的前途和强大的生命力。

5.2 风洞试验基础

5.2.1 风洞

风洞就是用来产生人造气流(人造风)的管道。在该管道中能造成一段气流均匀流动的区域，利用这一经过标定的流场，可以进行各种有关学科的科研活动。风洞种类繁多，按行业分，有航空风洞和工业风洞；按试验段气流速度大小，可以分为低速、高速和高超声速风洞（表5-1）；按回路形式可分为直流式、回流式；按运行时间可分为连续式、暂冲式。

风洞是进行空气动力学试验的主要设备，可以将模型的试验结果根据相似理论运用于实物中。风洞的中心部件是试验段，试验段流场应模拟真实空气场，其气流品质（如均匀度、稳定度、湍流度）应达到一定指标。

表 5-1　　风洞按试验段气流速度分类

风洞类别	马赫数(Ma)
低速风洞	0～0.3
亚声速风洞	0.3～0.8
跨声速风洞	0.8 ～1.4(或 1.2)
超声速风洞	1.5～5.0
高超声速风洞	5.0～10(或 12)
高焓高超声速风洞	＞10(或 12)

风洞试验的主要优点是：试验条件易于控制；各试验参数独立设定，不用附加耦合作用；静止模型，便于测定试验参数，精度较高；外界环境影响较小，试验进程较快；经济安全，效率可靠。缺点是相似准则不满足的影响，支架干扰及边界效应问题，此类问题仍需加以解决。

在建筑工程及大气污染研究中常用的是大气边界层风洞。在这种风洞中，试验段的气流并不是均匀的，从风洞底板向上，速度逐渐增加，模拟地表风的运动情况（称为大气边界层）。大气边界层风洞是工业风洞的一种，为低速风洞，回路形式有直流式和回流式。

直流式低速风洞（图 5-4）一般由进气口、稳流段、收缩段、试验段、扩散段、动力段及支架和流速控制系统组成。在这种风洞中，动力段的风扇向右端鼓风而使空气从左端外界进入风洞的稳定段，这种形式为鼓风式，动力段也可置于试验段的右侧，这是吸风式。过渡段是为了保证试验段稳定的气动性能所设计的辅助结构。稳定段的蜂窝器和阻尼网使气流得到梳理，然后由收缩段使气流得到加速而在试验段中形成流动方向一致、速度均匀的稳定气流。试验段是整个风洞的核心，长度应该是直径的 1.5～2.5 倍，在试验段中可进行大气边界层的模拟和模型的吹风试验，以取得作用在模型上的空气动力试验数据。扩散段的目的是减少气流速度，降低风洞耗能。这种风洞的气流速度是靠风扇的转速来控制的。直流式低速风洞造价低，但试验段气流品质受外界环境影响大，噪音大。

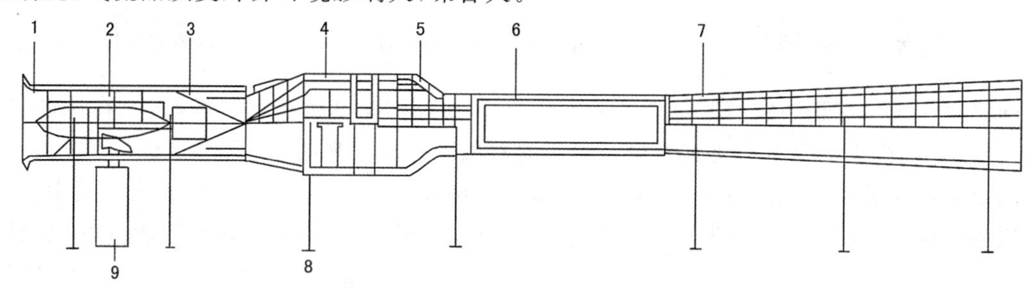

1—进气口；2—动力段；3—过渡段；4—稳定段；5—收缩段
6—试验段；7—扩散段；8—风动支撑；9—电机支座
图 5-4 典型的直流式低速风洞主要组成

回流式低速风洞(图 5-5)是在直流式风洞的基础上，增加回流段并使风洞首尾相接，形成封闭回路，从而气流在风洞中循环流动，既节省能量，又不受外界的干扰。除了直流式风洞的主要组成外，回流式风洞还设有调压缝，通过补充空气达到调节风洞内压力的效果，此外，设置了导流片和整流装置，用于提高调节空气流的均匀度，使气流的剖面和紊流度达到实际要求。

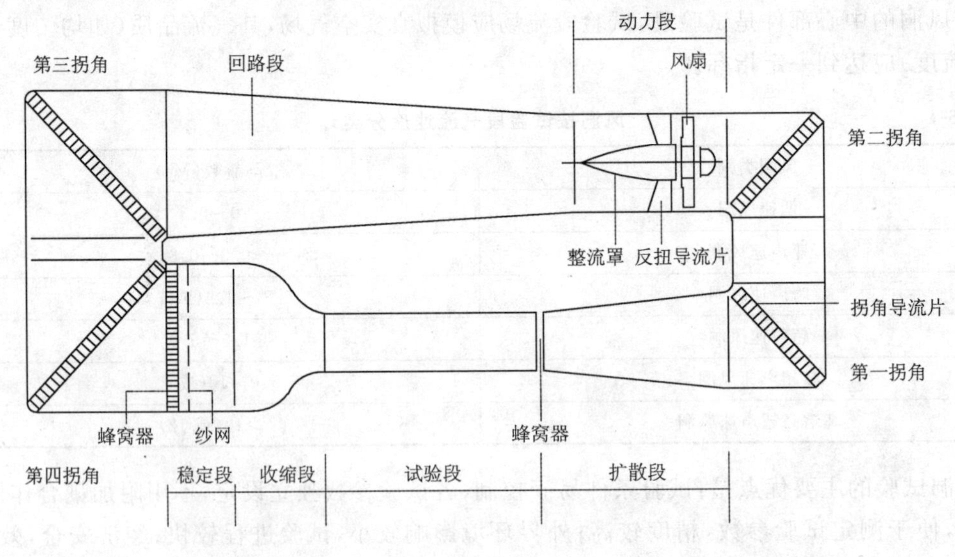

图 5-5 典型的回流式低速风洞

5.2.2 国内主要风洞实验室

目前国内有多个院校建成了风洞实验室，例如同济大学风洞实验室、湖南大学风洞实验室、汕头大学风洞实验室、长安大学风洞实验室、北京大学风洞实验室、哈尔滨工业大学风洞与波浪模拟实验室及中国空气动力研究与发展中心。

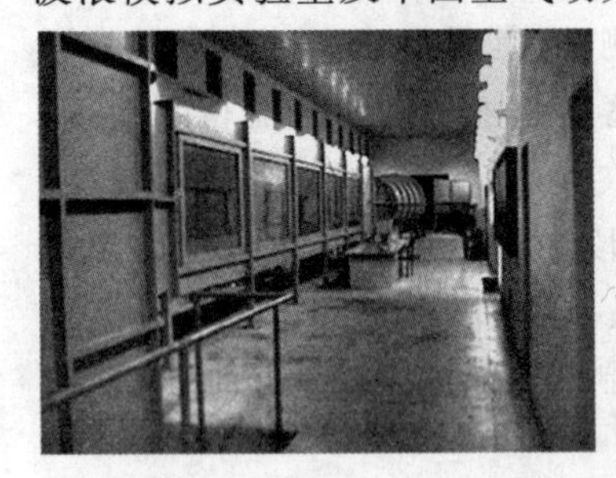

图 5-6 TJ-1 大气边界层风洞

图 5-7 TJ-2 大气边界层风洞

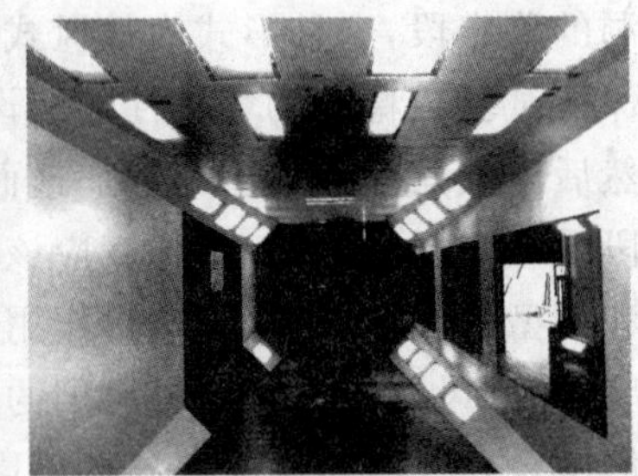

图 5-8 TJ-3 大气边界层风洞

同济大学土木工程防灾国家重点实验室建立于 1988 年，1991 年通过验收，是在原同济大学结构实验室、桥梁试验室和地震工程实验室的基础上组建起来的，是我国土木工程领域中唯一的国家重点实验室。试验室有大、中、小三座边界层风洞，总体规模居世界前列。其中，TJ-1 大气边界层风洞(图 5-6)试验段 1.8m×1.8m×14m，风速 1～30 m/s，流场性能良好，试验区流场的速度不均匀性小于 2%、湍流度小于 1%、平均气流偏角小于 0.2°；TJ-2 大气边界层风洞(图 5-7)试验段 2.5m×3.0m×15m，风速 3～67 m/s，流场性能良好，试验区均匀流场的速度不均匀性小于 1%、湍流度小于 0.46%、平均气流偏角小于 0.5°；TJ-3 大气边界层风洞(图 5-8)为竖向回流式低速风洞试验段，其规模在同类边界层风洞中居世界第二位，试验段 2.0m

×15m×14m，风速 0.5～17 m/s。并列的 7 台风扇由直流电机驱动，每台电机额定功率为 45kW，额定转速为 750r/min。流场性能良好，试验区流场的速度不均匀性小于 2%、湍流度小于 2%、平均气流偏角小于 0.2°。

湖南大学风洞实验室于 2004 年 6 月建成的风洞，为边界层风洞，高速试验段 2.5m×3m×17m，试验段风速 0～60m/s 连续可调。低速试验段 4.4m×5.5m×15m，最大风速不小于 16m/s。

哈尔滨工业大学风洞与波浪模拟实验室小试验段入口截面 4.0m×3.0m×25m，空风洞最大风速 44m/s，主要用于单体建筑和建筑群的流场显示、测力、测压等试验。风洞试验段入口截面 6.0m×3.6m×50m，最大风速 25m/s，主要用于风环境试验和桥梁模型试验。大试验段底板可开启，下设水槽，水槽宽 5.0m，深 4.5，长 50m，最大工作水深 4 m；另在水槽中部设有 10m 长、5m 宽、22m 深的深井，主要用于深海海洋平台研究。

5.2.3 风洞试验理论和方法

瑟马克(Cermak)和库克(Cook)提出的大气边界层模拟方法被很多专家学者认可，并得到了广泛的应用。被动模拟方法虽然相对比较简单，但是难以处理高紊流度问题，尤其是大紊流尺度问题，之后的学者提出了主动紊流模拟法来提高风场的紊流度和紊流尺度。对于特种风的特性模拟，还存在着很多的困难，存在很大的研究空间。

在建筑结构抗风的研究中，风洞试验是主要手段之一。与最初的航天器的风洞模型试验相比，建筑结构的风洞试验有很多不同之处。模型的复杂程度不同，航天器的外形十分复杂，而建筑结构则相对单一；流场复杂程度不同，航天器风场种类很多，并且属于高湍流的近地风场，建筑结构则是低紊流流动；模型尺寸不同，航空器风洞的缩尺比例小，导致雷诺数模拟的难度较大，建筑结构尺度相对较小，模型缩尺比例较大，较为简单；空气的压缩效应不同，航空器风洞需要考虑流动的压缩效应，建筑结构则不考虑空气流动的可压缩性。

风洞试验一个非常重要的方面就是试验设备和试验技术。在一定程度上，试验设备和试验技术决定了试验参数与结果的精确度甚至精确性。针对不同情况下的风场及不同的参数，专家学者提出和研制了很多的实验技术和试验设备，例如同步多点压力扫描系统可获得结构表面定常和非定常风压的时空分布特征；测压管路信号修正方法及气压平均方法保证了测试结果的精度。此外，还提出了特征分解方法、人工神经网络方法、高频底座动态测力天平试验方法、二维节段模型的定常和非定常气动力试验、弹簧悬吊节段模型的动力试验、强迫振动测力、测压方法和气弹模型测压方法等。

虽然风洞试验已有 100 多年的历史，但是建筑结构风洞试验还有很多基本问题没有得到有效地解决。风洞中模拟的紊流度难以达到实际值，特别是紊流尺度相似更难以模拟。被动方法模拟出的紊流尺度分布与实际情况相反。在复杂地形风场特性的风洞试验中，堵塞率等的影响难以消除。适用于大跨度桥梁的气弹模型模拟相似律主要适用线弹性范围，而索膜结构非线性问题无法进行模拟。雷诺数相似更是一个经典的但至今还无法很好解决的问题。

5.3 相似判断与相似理论

在自然界中，描述一种物理现象的参数数值，可以用描述另一种物理现象的参数乘以相应的不变量得到，则这两种物理现象称为相似现象。相似模拟是研究上述相似现象的一门科学，它提供了一种科学的方法用于判断和指导模型试验结果，是把试验结果用于原型的理论基础。

5.3.1 相似常数

假定 c 表示相似常数，x 表示原物理现象中的参数，x_i 表示模型中的参数，则

$$c_i=\frac{x}{x_i} \tag{5-1}$$

其中，c_i 表示第 i 个参数所对应的相似常数。物理现象中的参量，一般都不是孤立、互不关联的，而是处在一定联系中，因此各种相似常数之间也是相互关联的。

在许多的情况下这种关联表现为数学方程的形式。各相似常数不是任意选择的，它们之间是相互关联的。

5.3.2 相似三定理

1. 相似第一定理

相似第一定理描述了两个相似物体之间参数关系。对于相似现象，可以用完全相同的函数关系来表示；在空间上及时间上，用来表征这些现象的一切参数与其对应点互成一定比例关系。

2. 相似第二定理

相似第二定理描述了物理现象中各个参数之间的关系，即相似准则 π 之间的函数关系。关系式(准则方程)为：

$$f_1(\pi_1, \pi_2, \pi_3, \cdots \pi_n)=0 \tag{5-2}$$

对于彼此相似的现象，π 关系式相同。π 关系式中的 π 项在模型试验中有自变项与应变项之分。自变项是由单值条件的物理量所组成的定性准则，应变项是包含非单值条件的物理量的非定性准则。若能做到原型与模型中的自变 π 项相等，由应变 π 项与自变 π 项之间的关系式可以得到应变 π 项，然后推广到原型中去，作为工程设计的各种参数。

3. 相似第三定理

相似第三定理是解决两个同类物理现象满足什么样的条件才能相似的问题。第一条件：由于相似现象服从同样的自然规律，因此，可被完全相同的方程所描述；第二条件：具有相同的文字方程式，其单值条件相似，并且从单值条件导出的相似准则的数值相等。

4. 相似三定理之间的关系

第一定理和第二定理是从现象已经相似这一基础上出发来考虑问题，第一定理说明了相似现象各物理量之间的关系，并以相似准则的形式表示出来。第二定理指出了各相似准则之间的关系，便于将一现象的试验结果推广到其他现象。相似第三定理直接同代表具体现象的单值条件相联系，并且强调了单值量相似，所以显于出了科学上的严密性，是构成现象相似的充要条件，是一切模型试验应遵守的理论指导原则。

但是在一些复杂的现象中，很难确定现象的单值条件，仅能借经验判断何为系统最主要的参量，或者虽然知道单值量，但是很难做到模型和原型由单值量组成的某些相似准则在数值上的一致，这使得相似第三定理真正地实行，并因而使模型试验结果具有近似的性质。

5.3.3 相似准则的导出方法

相似准则的导出方法有三种：定律分析法、方程分析法和因次分析法。从理论上说，三种

方法可以得到同样的结果，只是用不同的方法对物理现象作数学上的描述。但是作为三种不同的方法，又有各自的适用条件。

1. 定律分析法

定律分析法是建立在全部现象的物理定律已知的基础上的，通过剔除次要因素，从而推算出数量足够的、反映现象实质的 π 项。

优点：对于模型制作有指导性意义；

缺点：定律分析方法的缺点是要求找出所有的物理量，这一要求对于比较复杂的物理现象不是很适用，因为复杂的物理现象因为没有固定的规律，所以很好全部找出该现象的物理原理。所以，对于一些物理量之间关系不明确的，规律比较复杂的情况，该方法的实用性还是不足，不能很好地解决实际中的问题。

2. 方程分析法

方程分析法根据已知现象的微分或积分方程推出 π 项。

优点：结构严密，能反映出现象的本质，故可望得到问题的可靠性结论分析，程序明确，步骤易于检查，各种成分的地位一览无遗，有利于推断、比较和校验；

缺点：对现象的机理不清楚，没有建立方程的问题，无法解决。

3. 因次分析法

因次分析法是目前运用最为广泛的方法。根据正确选定参量，通过因次分析法考察各参量的因次，求出和 π 定理一致的函数关系式，并据此进行相似现象的推广。因次分析法的优点，对于一切机理尚未彻底弄清、规律也未充分掌握的现象来说，尤其明显。它能帮助人们快速地通过相似性试验核定所选参量的正确性，并在此基础上不断加深人们对现象机理和规律性的认识。

5.3.4 相似理论

模型通常是指与原型有同样的运动规律、各运动参数存在固定比例关系的缩小物。为使模型流动能表现出原型流动的主要现象和特性，并从模型流动上预测出原型流动的结果，就必须使两者在流动上相似，即两个互为相似流动的对应部位上对应物理量都有一定的比例关系。

两相似流动应满足几何相似、运动相似、动力相似三个条件(图 5-9)。

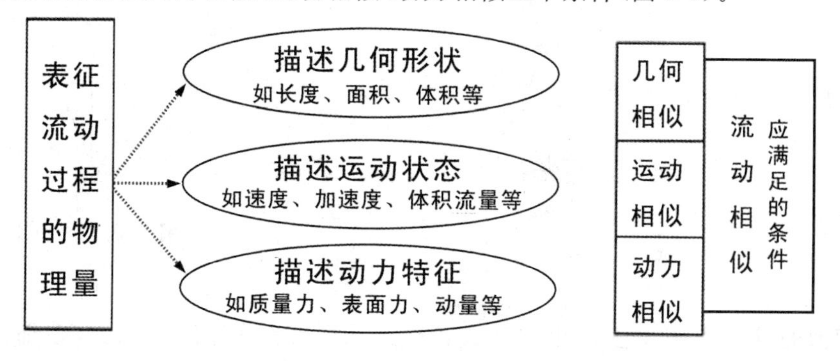

图 5-9 两相似流动理论

风洞试验模拟不同于现场实测，受到了实验条件、实验场地的限制，所以风洞试验中往往采用根据原有建筑等比例缩小尺寸的模型。风洞试验的原理是流动相似原理。该试验原理是建立在运动微分方程的基础上，通过划定边界条件和起始条件来描述实际的物理模型。为了保证试验数据的可靠性，要求试验中的缩尺模型与实际的物理模型必须满足流动相似条件，其中分为运动相似和几何相似，前者要求两个模型具有相同的运动方程，后者要求两个模型的边界条件相似。而前面提到的起始条件是没有必须要求相似的。所以缩尺模型和物理模型相似的前提是两者满足运动相似和几何相似。

1. 几何相似

几何相似的主要意义是保证建筑模型与建筑结构的外形相同，各部分的夹角或者长度相似常数对应相同，各个构件的相对位置一致。

长度相似常数：

$$C_l=\frac{l}{l^*} \tag{5-3}$$

面积相似常数：

$$C_A=\frac{A}{A^*}=\left(\frac{l}{l^*}\right)^2 \tag{5-4}$$

体积相似常数：

$$C_V=\frac{V}{V^*}=\left(\frac{l}{l^*}\right)^3 \tag{5-5}$$

夹角：

$$\alpha=\alpha^*,\ \beta=\beta^*,\ \gamma=\gamma^* \tag{5-6}$$

式中带 * 的变量为模型变量，不带 * 的为原型变量。几何相似通过比例尺 C_l 来表达，只要 C_l 维持一定，就能保证两个流动保持几何相似。

流场几何形状相似指相应长度成比例，相应角度相等。几何相似包括流场相应边界性质相同，如固体壁面、自由液面等（图 5-10）。

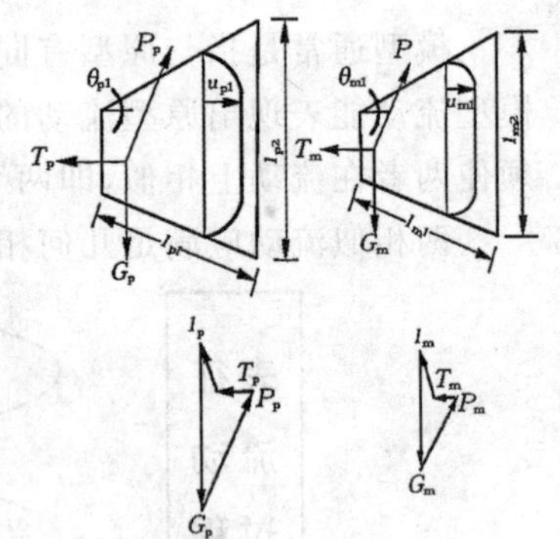

图 5-10 流场几何相似图

长度比尺：

$$\lambda_l=\frac{l_p}{l_m}=\lambda_l$$

面积比尺：

$$\lambda_A=\frac{A_p}{A_m}=\left(\frac{l_p}{l_m}\right)^2=\lambda_l^2$$

体积比尺：

$$\lambda_V=\frac{V_p}{V_m}=\left(\frac{l_p}{l_m}\right)^3=\lambda_l^3$$

几何相似的难点在于无法使粗糙度成比例缩小；一旦模型尺寸减小，毛细作用影响显著等。

2. 运动相似

运动相似以几何相似为前提。流体质点流过相应的位移所用时间成比例。即两个流动相应点速度方向相同，大小成比例。原型和模型的流体运动遵循同一微分方程，物理量间的比值彼此互相约束，则可以认为它们是相似的。风工程中的空气为低速、不可压缩、牛顿黏性流，其运动的控制方程为：

$$\frac{\partial u_1}{\partial t}+u_j\frac{\partial u_1}{\partial x_j}=f_1-\frac{1}{\rho}\frac{\partial p}{\partial x_i}+v\frac{\partial}{\partial x_j}\left(\frac{\partial u_1}{\partial x_j}+\frac{\partial u_j}{\partial x_i}\right)\quad(i,j=1\sim3)\tag{5-7}$$

$v=\mu/\rho$ 为空气的动力粘度，原型和模型物理量之间的关系采用：

$$t=C_t t^*,\ x_i=C_l x_i^*,\ u_i=C_u u_i^*,\ p_i=C_p p_i^*,\ f=C_f f^*,\ v=C_v v^*,\ \rho=C_\rho \rho^*\tag{5-8}$$

其中带 * 的变量为模型变量，不带 * 的原型变量。C_t，C_l，C_u，C_f，C_v，C_ρ 分别为时间、几何、速度、附加外力、动力粘度、密度的比值，为常数。

将式(5-8)代入动量方程式(5-7)得到式(5-9)：

$$\frac{\partial u^*}{\partial t^*}\frac{C_u}{C_t}+u_j^*\frac{\partial u_1^*}{\partial x_j^*}\frac{C_u^2}{C_l}=f_i^*C_f-\frac{\partial p^*}{\partial x_i^*}\frac{C_p}{C_p C_l}+\frac{C_v}{C_l^2}\frac{\partial}{\partial x_j^*}\left(\frac{\partial u_1^*}{\partial x_j^*}+\frac{\partial u_j^*}{\partial x_i^*}\right)\tag{5-9}$$

对式(5-9)所有项乘以 C_l/C_u^2，得到：

$$\frac{\partial u^*}{\partial t^*}\frac{C_l}{C_u C_t}+u_j^*\frac{\partial u_1^*}{\partial x_j^*}=f_i^*\frac{C_f C_l}{C_u^2}+\frac{C_v}{C_u C_l}\frac{\partial}{\partial x_j^*}\left(\frac{\partial u_i^*}{\partial x_j^*}+\frac{\partial u_j^*}{\partial x_i^*}\right)\tag{5-10}$$

式(5-7)表示原型中流体的运动方程，式(5-10)表示模型中流体的运动方程，为保证原型和模型流体运动的相似性，物理量的比值必须满足式：

$$\frac{C_l}{C_u C_t}=\frac{C_v}{C_u C_l}=\frac{C_f C_l}{C_u^2}=\frac{C_p}{C_\rho C_u^2}=1\tag{5-11}$$

由此得到黏性不可压缩流的相似准则：

(1) $\frac{C_l}{C_u C_t}=1$

即：

$$\frac{l}{ut}=\frac{l^*}{u^*t^*}=St\tag{5-12}$$

其中 St 为斯特劳哈数(Strouhal)，须为常数。

若两种流动的斯特劳哈数相等，则流体的非定常惯性力是相似的。对周期性非定常流动，反映其周期性相似。对定常流动，不必考虑斯特劳哈数。

(2) $\frac{C_v}{C_u C_l}=1$

即：

$$\frac{ul}{v}=\frac{u^*l^*}{v^*}=Re\tag{5-13}$$

其中 Re 为雷诺数(Reynolds)，须为常数。

如果两种流动现象的雷诺数一致，那么流体的黏性力相似。当物体的质量很大时，其惯性力很大。湍流的雷诺数很大时，则惯性力起主要作用。如果黏性力相对较小的情况，雷诺数相等的要求可相对放低。

(3) $\frac{C_p}{C_\rho C_u^2}=1$

即：

$$\frac{p}{\rho u^2}=\frac{p^*}{p^*u^{*2}}=Eu\tag{5-14}$$

式中 Eu 为欧拉数(Euler),须为常数。

流体中的压力不是流体固有的物理性质,其数值取决于其他参数,因此欧拉数并不是相似准数,它是其他相似准数的函数,即它不是相似条件,而是相似结果。

(4) $\frac{C_f C_l}{C_u^2}=1$

即:

$$\frac{u^2}{fl}=\frac{u^{*2}}{f^* l^*}=Fr \tag{5-15}$$

其中,Fr 为佛劳德数(Froude),须为常数。

若流体所受的质量力只有重力,$f=f^*=g$,则:

$$Fr=\frac{u^2}{gl} \tag{5-16}$$

Fr 数相等,表示了流动的重力作用相似,反映了重力对流体的作用。

如果黏性不可压缩流体的流动相似,则在边界条件和起始条件相似情况下,St、Eu、Re 和 Fr 数应相等,这就是相似准则。

3. 决定性相似准则

并不是所有的流动现象都能做模型试验。应对其流动现象有充分的认识,并了解支配其现象的主要物理法则。在实际的流体流动中,流体总有重力、黏性力、压力和惯性力等同时作用,但是在流体流动的力学现象中,通常只有一到两种力起主要作用,决定着流动现象的本质,另外一些力处于次要地位,因而在任何流动现象中,都存在着决定现象本质的主要作用力。

由于实际流动的复杂性,同时满足上述四个相似准则十分困难,而且有些相似准则要同时满足也不可能实现,因此在流体力学的相似理论中,一般采用最主要的相似准则。实际上,工程实际中起主导作用的决定性相似准则通常较少超过两个。

在风洞试验中,模型规律描述试验条件和试验结果关于原型的解释。严格地说,规律模型的构成或者是引入很多重要的无量纲参数,或者考虑采用能很好地描述相关现象的一系列方程。在风工程中,由于参数很多,不可能同时满足所有条件,因此有必要忽略那些对讨论的实际情况不太重要的参数。这为形成不同模型规律提供了基础,不同的模型规律分别给出一定范围内实际适用的结果。

在风洞试验中,用预先确定的模型长度比例表示模型与原型在几何上的相似。当作用在模型上的空气团与作用在原型上的气流按同一比例模拟时,可以实现作用在模型上的气流与作用在原型上的力的相似,这些力包括惯性力、重力及黏性力。在任意气流中每一种力都会出现,但通常它们的重要性有很大不同。当上述三种力不同时出现时,针对具体情况采取不同的模型进行试验。

在流体力学中,常用到的两个模型规律如下。

(1) 弗劳德模型规律——只考虑惯性力和重力,而忽略黏性力。

弗劳德数表示气流的惯性力作用与结构的重力之比。对气弹性结构,具有风致振动受重力影响的特性,因此满足弗劳德模型规律很重要,模型的弗劳德数需与原型相同。此类结构包括输电线、斜拉桥、悬索桥和桅杆的拉索等。在高层建筑风致振动中,弗劳德数并不太重要。永久荷载为重力荷载,它直接作用在基础上,与建筑的风振不互相作用。在气弹性模型中,意义重大的特征频率应该与弗劳德频率缩尺相一致。

(2) 雷诺模型规律——只考虑惯性力和黏性力，而忽略重力。

雷诺数表示作用在流体上的惯性力与黏性力之比，1883 年提出的雷诺模型规律忽略了重力的影响。如果结构周围气流的黏性力作用明显，则雷诺模型规律突显重要。作用在弧形表面结构上的风荷载与雷诺数有关，且雷诺数规律适用于这类结构的风洞试验。通常风洞中的边界层中存在着大气压力，模型试验中的运动黏滞率模型中的想同。在模型试验中为了得到与原型相同的雷诺数，速度缩尺应该是长度缩尺的倒数。对于较大的长度缩尺，如 1∶100 是不可能实现的。通常，我们不得不接受在风洞的边界层中雷诺模型规律不适用的现实。在测试弧形表面的结构时，必须接受缩尺效应，且应该考虑其重要性。在模拟气流特征与高雷诺数相符时，常用的方法就是增加弧形表面的粗糙度，以此产生沿表面的湍流边界层。

实际的风洞试验中，一般很难同时实现 Re 和 Fr 或 Eu 和 St 准则数相等。模型试验的一个优点是采用缩尺模型，但此时 Re 就难以满足。例如建筑模型的风洞试验，若几何缩尺比为 $C_l=100$，采用空气介质 $C_v=1$，这就要求增加风速 100 倍才能满足雷诺数相等，此时风速已超过声速，流体的性质也已发生改变，这在试验中是难以实现的。

在有压流动的情况下，流体的质量通常可以忽略，因此可以不考虑 Fr 数相等的要求。流动有层流状态、过渡状态和湍流状态三种，它由临界雷诺数 Re_C（称为第一临界值）决定，当试验的 Re 在小于 Re_C 的范围内流动时，流体处于层流状态，这是模型与原型的流速分布彼此相似，与 Re 数无关，这种现象称为“自模性”。当 $Re>Re_C$ 时，流动发展为湍流状态。在最初，随 Re 数增加，流动的紊乱程度和流速分布随 Re 数变化较大，随着 Re 数继续增大，这种变化逐渐减小，当 Re 数大于某一临界值 Re_C（称为第二临界值）时，流体的紊乱程度和流速分布已不再随 Re 数的增加而变化，此后流体又处于自模化状态，称为第二模化区。当模型和原型处于同一模化区时，模型试验的 Re 数可不必与原型中的 Re 数相等。显然，这对模型设计和试验带来很大方便。实践证明，建筑物和结构的风洞试验通常处于第二模化区，因此常常不考虑 Re 数相等，而只是满足 St 数相等。

5.4 建筑模型风洞试验

对于体形系数复杂或者建筑结构高度范围不在规范规定范围内的情况，一般采用风洞试验模拟建筑模型的风效应。建筑模型风洞试验主要包括两个方面的内容：模拟大气边界层和测试建筑模型风响应。本节主要介绍建筑模拟风洞试验的主要用途、大气边界层的模拟方法，以及测试建筑模型风响应的要点。

5.4.1 建筑模型风洞试验类型及用途

建筑模型风洞试验，按照模型分类包括刚体模型和弹性模型，其中刚体模型主要包括刚体阶段模型和刚体整体模型，弹性模型主要是气动弹体模型。按照试验的内容来分可以分为风压试验、风力试验、振动试验和风环境试验。

在建筑和结构领域，风洞试验方法得到广泛应用，最常见的应用类型及用途如表 5-2 所示。

表 5-2　　建筑模型风洞试验类型与用途

建筑模型风洞试验类型	主要用途
点压力测试	(1) 墙面、幕墙、屋盖等结构表面的平均和脉动压力； (2) 幕墙表面的极值风压
局部或总体风荷载测试	(1) 结构局部或总体平均和脉动风荷载； (2) 建筑物、桥梁、其他结构上的基底荷载，包括结合某些阵型得到广义力荷载； (3) 结合结构动力学分析方法，由广义力可进一步获得结构的风致响应，包括位移和加速度
高频动态天平试验	(1) 结合线性或非线性结构峰值的响应分析方法，通过试验获得空气动力学参数； (2) 获得结构动力响应所需的风力谱； (3) 高频动态天平试验经常用于估算高层建筑基本摆动和扭转模态下的广义荷载； (4) 由广义荷载计算结构的风致响应，包括位移和加速度
阶段模型试验	(1) 阶段模型上平均风力和动力及其响应； (2) 获得理论分析模型中气动导纳系数
空气动力弹性模型试验	(1) 弹性模型在空气动力作用下的动力响应； (2) 直接测量总体平均和动力荷载及响应，包括位移、扭转角和加速度； (3) 弹性结构上附加空气动力作用； (4) 主动或被动系统对振动的控制
步行风测量	(1) 建筑结构周围风流场的特性； (2) 测量单点处的风速和风向； (3) 城市、小区风环境的评估，不利风环境的防治； (4) 建筑顶部直升机停机坪的评估
空气环境测评	(1) 烟迹显示空气的扩散； (2) 污染物的浓度； (3) 开阔区域的风致通风率
地形和地貌研究	(1) 复杂地形处风流动的变化，包括地面粗糙度的研究； (2) 不同地区不同高度处风流动的相关性； (3) 场地潜在风能的评价

5.4.2　大气边界层的模拟

正确的反应结构的风响应，建筑模型风洞试验要考虑两个方面的问题：大气边界层风场特征，包括风剖面、湍流结构等因素；恰当地模拟结构的外形、质量和刚度等结构特性。前者涉及湍流风场的模拟，后者则涉及实际结构的模型模拟。前者是后者的基础，直接决定了后者模拟的精度。

黏性大气流在流过地面时，受到地面建筑物或者地形的影响，在垂直方向会产生风速梯度，风速梯度值会随着地面粗糙度的变化而不同，受影响的范围通常称为大气边界层(ABL)。对于建筑模型风洞试验中的模拟风场，必须与建筑所处环境的风速沿高度的变化规律一致。此外大气边界层气流中的湍流结构十分复杂，其湍流强度与风谱的变化规律都应满足相似定律。大气边界层的模拟过程见图 5-11。《建筑结构荷载规范》(GB 50009—2012)中将按照粗糙度将地面分为四类，对应的地面粗糙系数分别为 0.12、0.16、0.22、0.30。

大气边界层风洞模拟的要求为：

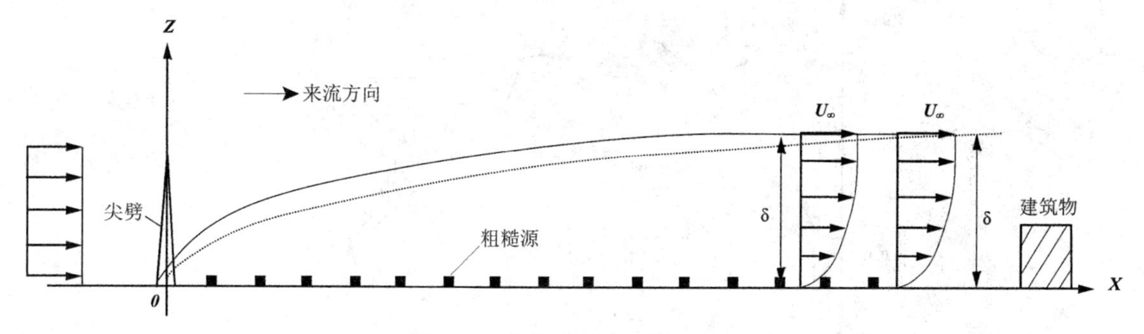

图 5-11　大气边界层的模拟过程

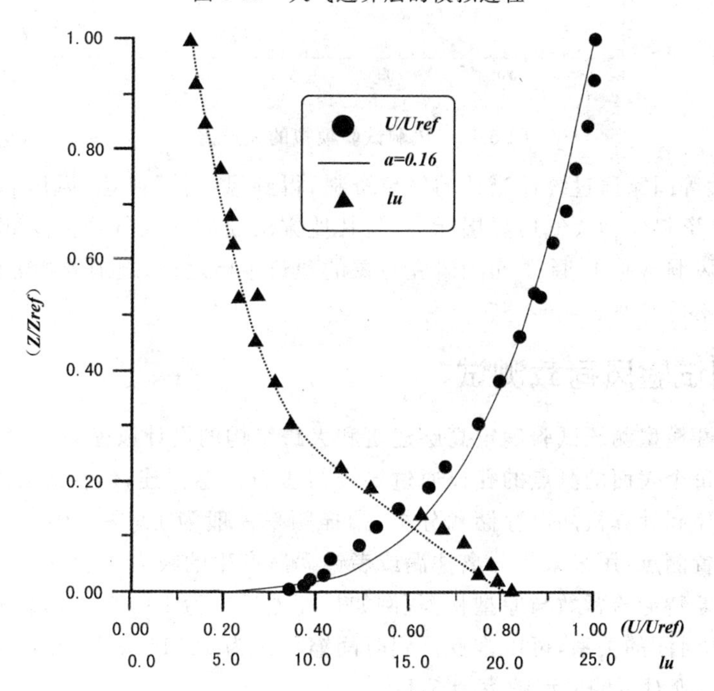

图 5-12　风洞试验模拟风速和湍流强度剖面

资料来源：黄本才，风洞试验概述

(1) 恰当地模拟平均风速和顺风向的湍流强度分量的高度变化规律；

(2) 大气湍流的重要特性与目标一致，主风向的湍流积分尺度和所观测的建筑或结构的尺度接近；

(3) 顺风向的压力梯度应足够小，以保证对结果影响最小。

模拟大气边界层时，大气边界层的高度(z_g)、湍流的积分尺度(L_t)及地面粗糙度高度(z_0)都需要和建筑模型尺度(L_b)具有相同的几何缩尺比(图 5-12)。有时，对于低矮建筑模型并不要求模拟整个大气边界层高度，而指需要满足延森数(L_b/z_0)相等就可以得到较好的模拟结果。为了更加准确地模拟湍流，风速谱也需要达到一定的标准，通常模拟的风速谱需要接近达文波特(Davenport)谱或卡曼(Kaman)谱等(图 5-13)。

风洞试验中参考点的风速要与实际的标准高度风速值相对应。在风压力和人行舒适度风洞试验中，风速的选取较为随意；在气弹模型试验或空气扩散等试验中，必须依据相似比的原则选取。

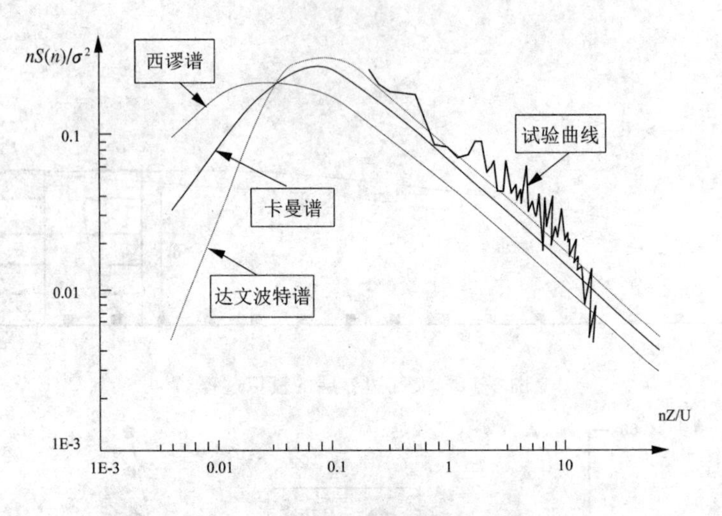

图 5-13 风洞试验模拟的风速谱

此外，加拿大等国家通过统计当地的气象资料，得到风特性(风速、风压和风向)出现的概率，把这种统计风资料作为大气边界层标准，与其他方法获取的大气边界层相比，这种方法更接近于实际。在风洞试验中，除了作为研究对象的建筑主体之外，周围的相邻建筑以及当地的地形地貌影响也不可忽略。

5.4.3 风洞试验风荷载测试

一般采用刚性模型测压试验确定高层建筑和大跨结构的设计风荷载。建筑表面的侧点数为 300～800 个，每个表面的测点的孔口通过导线与压力传感器连接，传感器的作用是将采集的风压力数据传递到计算机加以存储和分析，扫描频率一般为 100～500Hz。在屋面结构中，屋面边缘需要设置测点，用来采集分离柱涡或者锥涡所产生的吸力。

风洞试验中斯特劳哈常数与原型相等，例如长度缩尺比为 1∶300，速度缩尺比为 1∶3，则根据长度、速度和时间的关系，可以推算得到时间缩尺比为 1∶100。因此，试验中风压的采样频率为 500Hz 时，则对应的原型频率为 5Hz。

采样周期和样本长度需要满足两个方面：样本周期的长度要足以获得稳定的平均压力系数和均方差压力系数；样本时间对应原型 1h 左右，满足能够合理估计峰值压力的要求。

对压力时程进行统计分析，可以得到平均压力系数、脉动压力系数、最大压力系数和最小压力系数。

风洞试验测得的压力时程数据(图 5-14)经过统计分析，可得到：

$$C_p = \frac{1}{T} \cdot \frac{1}{q} \int_0^T \rho(t)\,\mathrm{d}t$$

$$\sigma_{cp} = \frac{1}{q} \sqrt{\frac{1}{T} \int_0^T (\rho(t) - \bar{\rho})^2\,\mathrm{d}t}$$

$$C_{\hat{p}} = \frac{1}{q} \cdot \rho_{\max}$$

$$C_{\check{p}} = \frac{1}{q} \cdot \rho_{\min}$$

$$q = \frac{1}{2}\rho v^2 \tag{5-17}$$

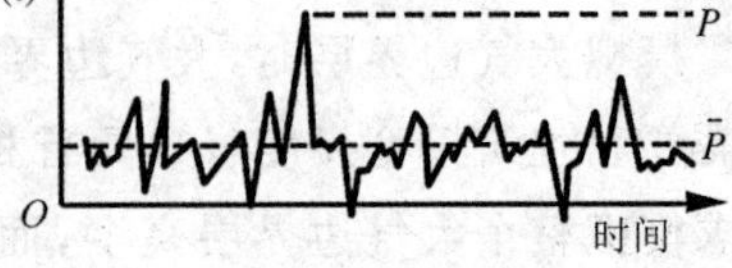

图 5-14 试验测量得到的压力时程

式中　$C_{\bar{p}}$——平均压力系数；

　　　σ_{cp}——脉动压力系数；

　　　$C_{\hat{p}}$——最大压力系数；

　　　$C_{\check{p}}$——最小压力系数；

　　　t——时间；

　　　T——采样周期；

　　　q——参考平均风压；

　　　ρ——空气密度；

　　　v——参考平均风速。

峰值压力系数还可以采用另外一种方法获得：

$$C_{\hat{p}}=C_{\bar{p}}+g\sigma_{cp},\quad C_{\check{p}}=C_{\bar{p}}-g\sigma_{cp} \tag{5-18}$$

式中，g 为峰值因子，一般取 3.0～4.0。

各点的压力值随着风向的变化而不同。经过大量的试验表明，在一个圆周的范围内，每隔10°测量一次就可以满足所有风向的数据信息，而且比较经济方便。在工程精度相对较低的情况下，15°的间隔也可以采用。

测点压力通过一定的统计平均方法转换为结构荷载，常用荷载形式有局部风荷载和节点风荷载。

局部风荷载是指在小块面积上作用的风荷载，此时荷载可由附近测点的测量值表示；通常应用于在幕墙、屋面等面结构设计。

节点风荷载是指在相对较大的面积(墙面或屋盖等)上作用的平均荷载。美国土木工程学会(ASCE)推荐节点荷载的相邻面积大于 $9m^2$，或者檩条之间的屋面结构、建筑附属悬挑构件、太阳能面板、广告牌、悬臂墙面等结构，通常由多个测点的测量值插值而得。此外，为了获得最大荷载值，节点荷载相关面积上的测点须同步测试。

5.5　结构总体荷载及风效应风洞试验

根据自激力的不同，风洞试验可以分为气动模型方法和气动弹性模型方法，气动模型方法可以分为刚性模型测压试验法和高频动态天平试验法。以上方法在测定结构的总体风荷载和响应时的使用范围及特点如表 5-3 所示。

表 5-3　　风洞试验的使用范围及特点

类别		使用范围及特点
气动模型方法	刚性模型测压试验法	分布在结构表面上所有压力测点同步压力测试法，该方法要求所有同步测试，结构响应的计算可考虑多模态的影响，但较多测点的同步测试需要较好的试验设备
	高频动态天平试验法	能得到理想模态下的结构响应，较容易实现，在高层建筑模型试验中应用很广，但该方法不能考虑高阶模态影响，一般从理论上进行修正或加入一定的假定来弥补试验的不足
气动弹性模型方法		可以直接测量结构的响应，但模型制作和试验都比较困难

5.5.1 刚性模型测压试验法

首先，在建筑物或者构筑物的表面布置测点，采集风压力的时程数据，此时为了保证计算精度，测点的数量要足够多。然后，通过在空间上积分的方法获得建筑物或者构筑物上的总体合力或者弯矩时程结果。最后，根据结构动力学知识，结合结构的简化模型，得到结构的动力响应，此时可以考虑结构的多个模型的影响。

在各个风向下，由风压力测点的时程数据 $p(t)$，通过线性插值法可以得到结构模型上的一系列节点的压力值 $p_i(t)$，通过面积分得到结构物节点上的风荷载 F_{xi}、F_{yi}、F_{zi}，即

$$F_{xi}=p_i(t)A_{xi},\quad F_{yi}=p_i(t)A_{yi},\quad F_{zi}=p_i(t)A_{zi} \tag{5-19}$$

上述一系列的节点风荷载作用，作为激振力作用在结构上，通过结构动力学的方法，平方和开平方法(SRSS 法)或完全二次项组合方法(CQC 法)来计算结构的空间动力响应。

$$[M]\{\ddot{y}(t)\}+[C]\{\dot{y}(t)\}+[K]\{y(t)\}=[Q]\{F_{xi},F_{yi},F_{zi}\} \tag{5-20}$$

式中，$\{y(t)\}$、$\{\dot{y}(t)\}$、$\{\ddot{y}\}$分别是振动系统的位移、速度、加速度向量；$[M]$、$[C]$、$[K]$分别为结构的质量、阻尼、刚度矩阵，均为 $N\times N$ 阶，N 为结构自由度数。采用同步压力测试法采集得到风荷载数据，结合结构动力学分析方法，计算得到的风振响应(位移、速度、加速度等)结果较为精确。同时，这种方法考虑了多模态及模态交叉项的影响，因此适用于高层建筑和大跨屋盖结构。

5.5.2 高频动态天平试验法

大部分的高层建筑，一阶振型可以认为是沿建筑高度呈线性变化的，因此基底弯矩和扭矩可以用来表示广义力，通过基底高频天平测量得到广义力时程数据，从而进一步根据结构动力学的相关知识得到位移、速度和加速度响应。

当建筑结构为刚性时，这种方法比较容易实现。这种方法的限制条件是测量频率要足够高，从而能够测量高频的弯矩和扭矩。建筑结构频率和模型频率之间的换算关系式为：

$$f_m=f_p\frac{(L_b)_pV_m}{(L_b)_mV_p} \tag{5-21}$$

直接用底座天平测量一般的基底倾覆荷载可以用于高层建筑的风振计算。高层建筑某处的位移可用振动模态函数表示为：

$$\delta(z,t)=\sum[\varphi_j(z)q_j(z)] \tag{5-22}$$

式中 $\varphi_j(z)$——j 模态函数；

z——垂直方向坐标；

$q_j(z)$——j 模态的广义坐标；

t——时间。

对于高层建筑，由于受到水平力和弯矩作用，因此每一层的位移由三部分组成，沿 x 轴、y 轴的位移及 z 轴的转角，在结构位移响应中的三个分量可以表示为：

$$\phi_j(z)=\begin{Bmatrix}\phi_{xj}(z)\\ \phi_{yj}(z)\\ \phi_{\theta j}(z)\end{Bmatrix} \tag{5-23}$$

建筑结构在任一 j 模态的运动方程可以表示为：

$$q_j + 2\xi_j\omega_j q_j + \omega_j^2 q_j = \frac{1}{m}\int_0^H f_A(z,t)\varphi_j(z)\mathrm{d}z \tag{5-24}$$

其中，m_j 为 j 模态下的广义质量：

$$m_j = \int_0^H (\mu(z)\varphi_{xj}^2(z) + \mu(z)\varphi_{yj}^2(z) + I(z)\varphi_{\theta j}^2(z))\mathrm{d}z = m_{jx} + m_{jy} + m_{j\theta} \tag{5-25}$$

式中 $\mu(z)$——单位高度的质量；

$I(z)$——绕 z 轴方向单位高度的质量惯性矩；

ξ_j——第 j 阶模态对应的结构阻尼比；

ω_j——建筑的 j 模态自振圆频率(rad/s)；

$f_A(z,t)$——单位高度的空气动力荷载 $f_A=(f_{Ax}, f_{Ay}, f_{AT})$。

大部分的高层建筑结构，第一阶模态可以采用线性假设的方法获得，故式(5-23)可以表示为：

$$\varphi_j(z) = \frac{z}{H}\begin{Bmatrix} C_{xj} \\ C_{yj} \\ C_{\theta j} \end{Bmatrix} \tag{5-26}$$

式中，C_{xj}、C_{yj} 和 $C_{\theta j}$ 分别是 j 模态下 x、y 轴摆动，z 轴扭动的影响因子。

式(5-24)可以写为：

$$F_j(t) = \int_0^H f_A(z,t)\varphi_j(z)\mathrm{d}z = \frac{1}{H}(C_{xj}M_y(t) + C_{yj}M_x(t) + C_{\theta j}(M_T(t))) \tag{5-27}$$

式中 $F_j(t)$——j 模态下的总合成力；

$M_x(t)$——风荷载引起的绕底部 x 轴的瞬间倾覆力矩；

$M_y(t)$——风动力荷载引起的绕底部 y 轴的瞬间倾覆力矩；

$M_T(t)$——z 轴的风动力引起的广义扭矩。

气动阻尼是建筑结构的特性之一，由自身的运动决定，只能通过传统的气动弹性模型测量。一般的建筑，在风速一定的情况下，气动阻尼值相对较小，顺风向和横风向都是整数。

当风向是横风向时，脱落涡对结构相应起到主要作用，这种风速值往往远大于设计风速值，并且在力谱中显示为一个狭窄带宽的峰。在仅考虑建筑物的阻尼时，输出数值略为保守，除非是对于在高风速下的横风向风力而言。假如空气动力荷载不受建筑物运动的影响，则动力方程(5-24)的解可由功率谱表示。

q_j 的功率谱 $S_{qj}(\omega)$ 表示如下：

$$S_{qj}(\omega) = \frac{S_{Fj}(\omega)}{\omega^4 m_j^2 |H_j(m)|^2} \tag{5-28}$$

其中

$$S_{Fj}(\omega) = \frac{C_{xj}^2 S_{MX}(\omega) + C_{yj}^2 S_{MY}(\omega)}{H^2} + \frac{2C_{xj}C_{yj}}{H^2} ReS_{M_yM_x}(\omega)$$

$$|H_j(m)|^2=1/[(1-(\omega/\omega_j)^2)^2+4\xi_j^2(\omega/\omega_j)^2]$$

式中 $S_{Fj}(\omega)$——j 模态的广义力功率谱；

ω——圆频率；

$ReS_{M_yM_x}(\omega)$——交叉谱的实部。

基于高频天平，测量广义荷载时程数值，可以计算 $S_{MY}(\omega)$，$S_{MX}(\omega)$，$S_{M_yM_x}(\omega)$的值，用公式(5-28)可以计算整个建筑物的风荷载响应。

通过广义位移的功率谱 S_{qj}，高度 z 处的位移均方根值、加速度均方根 σ_a 可用下面的表达式计算：

$$\begin{pmatrix}\sigma_x^2(z)\\ \sigma_y^2(z)\\ \sigma_\theta^2(z)\end{pmatrix}=\int_0^\infty S_{qj}\,\mathrm{d}\omega=\begin{pmatrix}\phi_{xj}^2(z)\\ \phi_{yj}^2(z)\\ \phi_{\theta j}^2(z)\end{pmatrix} \tag{5-29}$$

$$\begin{pmatrix}\sigma_{ax}^2(z)\\ \sigma_{ay}^2(z)\\ \sigma_{a\theta}^2(z)\end{pmatrix}=\int_0^\infty \omega^4 S_{qj}\,\mathrm{d}\omega\begin{pmatrix}\phi_{xj}^2(z)\\ \phi_{yj}^2(z)\\ \phi_{\theta j}^2(z)\end{pmatrix} \tag{5-30}$$

位移和加速度的峰值可通过把均方根值乘以一个峰值因子(通常取 3.5)计算出来。

5.5.3 气动弹性模型试验

细长结构、柔性结构及动力敏感结构，在强风作用下可能发生共振现象，气动弹性模型试验就是用来模拟这类结构的振动问题，从而直接获取结构的动力响应。气动弹性模型试验需要模拟结构的质量、刚度及阻尼特性，此时所采用的风速则通过 5.3 节讲到的相似比原理确定。对于雷诺数比较敏感的结构，例如圆形结构或者圆柱结构，测量的结果需要结合理论加以修正。

1. 质量模拟

气动弹性模型试验的主要用途之一是分析流固耦合作用在结构上产生的气动附加质量影响，因此在模型制作阶段，要注意模型的惯性力与气体惯性力之比与原结构物保持一致，即：

$$\left(\frac{\rho_s}{\rho}\right)_m=\left(\frac{\rho_s}{\rho}\right)_p \tag{5-31}$$

式中，ρ_s 和 ρ 分别为结构容重和气体容重。

由此，也可到模型与原型的质量和质量惯性矩之比：

$$\frac{M_m}{M_p}=\frac{\rho_m L_m^2}{\rho_p L_p^2}\quad \frac{l_m}{l_p}=\frac{\rho_m L_m^5}{\rho_p L_p^5} \tag{5-32}$$

2. 阻尼模拟

结构共振的条件是结构的自振频率与风振频率一致或者十分接近。因此结构的阻尼对共振响应的影响很大，结构原型和模型中都采用无量纲的阻尼比 ζ 来反映阻尼的影响，因此需要二者阻尼一致。

3. 刚度模拟

结构刚度是评价结构抵抗外力作用下变形能力的指标，结构原型和模型的刚度之比常采用总体有效刚度的形式：

$$C_E=\frac{(E_{eff})_m}{(E_{eff})_p} \tag{5-33}$$

有效刚度(E_{eff})对于不同的受力方式而异，常见的有效刚度表达形式有：

$E\tau/L$——薄膜力；

EA/L^2——轴向力；

EI/L^4——弯矩或扭矩。

式中 E——杨氏模量；

P——空气密度；

τ——薄膜厚度；

A——横截面积；

I——惯性矩或扭矩；

L——模型总体尺度。

刚度的缩尺比不能随意选择，具体选择要求如下：

(1) 对于自重作用对气弹影响小的结构，如高层高耸结构、大跨屋盖结构、桁架桥梁等，应保持原型和模型的柯西数(Cauchy Number，Ca)相等。

$$\left(\frac{E_{eff}}{\rho V^2}\right)_m=\left(\frac{E_{eff}}{\rho V^2}\right)_p=\mathrm{Ca} \tag{5-34}$$

由此可得到模型与原型的速度比为：

$$\frac{V_m}{V_p}=\left(\frac{(E_{eff})_m}{(E_{eff})_p}\cdot\frac{\rho_p}{\rho_m}\right)^{\frac{1}{2}} \tag{5-35}$$

对于自重作用对气弹影响小的结构，如悬索桥、拉索结构，应保证 Fr 数相等，即：

$$F_r=\left(\frac{V^2}{gL}\right)_m=\left(\frac{V^2}{gL}\right)_p \tag{5-36}$$

对于悬索桥等结构，弹性和重力对刚度的影响都很大。在此情况下，速度由 F_r 数相等的准则确定，有效刚度则依据柯西数(Ca)相等来确定：

$$\frac{(E_{eff})_m}{(E_{eff})_p}=\frac{\rho_m L_m}{\rho_p L_p} \tag{5-37}$$

对于特定模态的振动分析，还应保证该模态频率 f_0 对应的 St 数相等：

$$\left(\frac{f_0 L}{V}\right)_m=\left(\frac{f_0 L}{V}\right)_p \tag{5-38}$$

5.5.4 模型制作

气动弹性模型试验的模型制作包括近似技术、等效模型和阶段模型。

(1) 质量和刚度主要分布在建筑的外表面时，例如烟囱、水塔和冷却塔等管状结构，模型的几何、质量及刚度等都可以与建筑原型近似，因此可以模拟结构气体弹动的所有特性。

(2) 高层建筑需要采用等性模型进行模拟，模型外表面与原型近似，内部则采用等效结构体系模拟刚度。质量模拟主要包括分布质量和集中质量两种形式，只能模拟结构一部分的气体弹动特性。

(3) 细长结构、高塔等呈线形的二维结构模型，部分截断模型实验方法比较合适，此时支座可以是刚性和弹簧，可以用来模拟部分振动模态或气动导纳系数，来流场既可采用均匀流，也可采用边界层流。

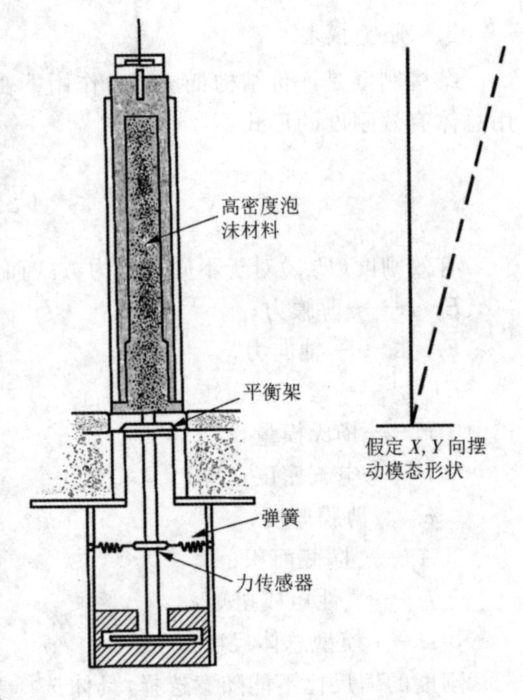

图 5-15　单自由度模型

气动弹性试验技术又可分为单自由度气弹模型试验与多自由度气弹模型试验技术。单自由度气弹模型(图 5-15)试验技术是通过模拟结构的一阶广义质量、阻尼系数、刚度和外加风荷载来考虑结构的一阶风致响应。多自由度模型(图 5-16)试验方法是迄今所知唯一能全面反映结构与风之间相互作用的试验方法，它可以考虑非理想模态、高阶振动、耦合等问题，但模型的制作和调试特别费时，而且不经济，它的设计原理和方法也有待于进一步研究。

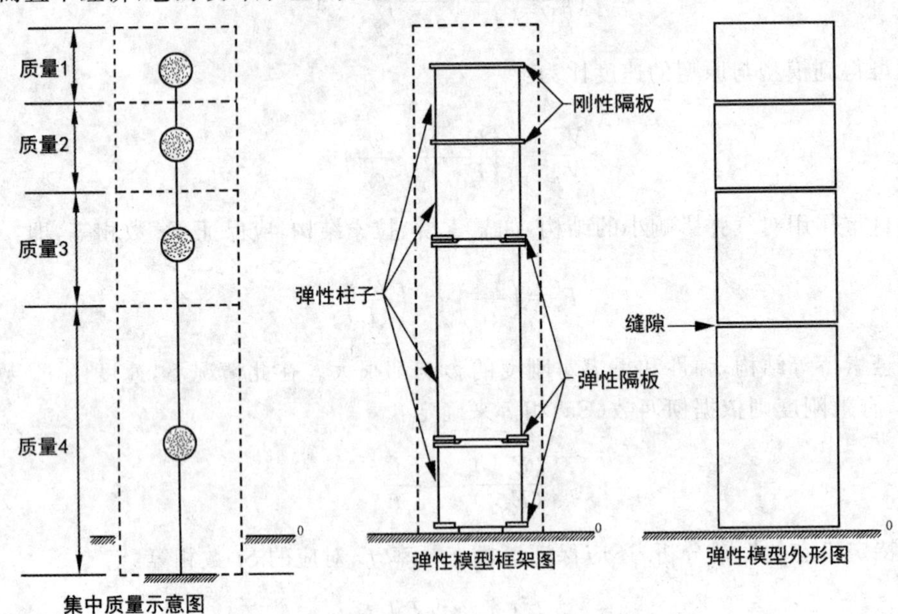

图 5-16　多自由度模型

5.6 大气边界层和近地层风特性模拟

大气边界层的风洞模拟生成方法主要有两种：漩涡发生器的人工形成法和长试验段中调节地面粗糙元的自然生成法。在具体使用过程中，基于实际情况选择具体使用方法(表 5-4)。

国外比较著名的风洞试验方法有：瑟马克(Cermak)的 1/4 椭圆漩涡发生器法，达文波特(Davenport)的尖塔法，以及科琳(Corrsin)的网栅法和倪蔚视的射流法。我国在 1973 年建立了第一套 1/1000 中性大气边界层气流的风洞模型，并且在之后对一些前沿学科展开研究，例如大型冷塔及大气环境科学。国内在风谱、横向及侧向湍流模型等方面的模拟都达到了成熟的标准。

表 5-4　　大气边界层的风洞模拟生成方法与使用范围

主要方法	使用范围
人工形成法	现场地面粗糙度已知，低层建筑近地层风特性模拟
自然生成法	高层建筑需用幂次律风速廓线的模拟
混合法	(1) 现场地面粗糙高度已知，低层建筑和桥梁的近地层风特性模拟； (2) 用粗糙元模拟近地层风速廓线，而用旋涡发生器调节风谱的低频成分

5.6.1 低层建筑和结构的风荷载模拟

根据多年来的强台风破坏记载，大多数建筑是由于迎风面和屋顶被揭开而造成的破坏。低层建筑和结构在强风作用下的可靠性问题成为工程界的一个热点话题。同时随着城市经济的发展，各地的新建标志性建筑大大增加，由于这些标志性建筑的形态各异，完全不能由建筑结构荷载评估，因此这也是当前风洞试验中的一个重要课题。如今高层建筑林立而且其风环境的作用已经较为清楚，但是低层建筑却成为风工程中的一个新的热点。为了了解标志性建筑的风荷载效用，采用风洞试验是一种有效而且正确的方法。

厦门为台风多发地区，据气象资料记载最大风速为 38m/s，极大风速可达 60m/s，1954 年台风过境时使测风仪远超过量程而完全损坏。当地主风向为东北海面来流。厦门国际会展中心位于厦门岛东侧，与金门岛隔海相望，主楼顶部多功能厅伸出 5 层主楼，高 41m，两边挑檐使外形如船状，纵向呈流线型。因多功能厅由 16 根立柱单独支撑，因而，横风向涡致振动的影响较大。风谱和风速廓线按虎门桥址台风谱和厦门的气象台记载最大风速所对应的海面粗糙度模拟，缩尺比为 200。试验得到多功能厅的体形系数远小于规范值，但横风向风载有所增长，迎风面女儿墙正反面体形系数之差达 1.8，流动显示表明楼顶平台在女儿墙作用下有很强的倒流，表明顶部有强分离流，应采取措施加以削减。弹性模型试验模拟结构的前三阶振型，表明在最大风速 38m/s 条件下的加速度为 0.08m/s，舒适度为 1～2 级。试验测量了多功能厅下游风谱，确定涡脱落频率对应的 St 数为 0.25。而试验中在风速为 2.7m/s(折算到现场时为 37.8m/s)时出现涡振，加速度谱中对应各阶振型的谱峰受频率牵引作用集中为频率 14Hz 的单一强度甚高的频谱。与涡脱落频率的斯特劳哈尔数相比属于三阶谐波的作用，故由此产生的横风向涡致振动强度较弱，对结构安全性影响不大。

北京植物园大型热带植物温室位于西山樱桃沟谷口，由顶部为长百余米的扇形双曲率顶棚的热带雨林、沙漠公园等展室和椭圆形顶部的四季花园展室组成，风谱和风速廓线按1/1000

地形模型模拟，缩尺比为100，试验结果顶部风压和体形系数十分复杂，但均为负压，最强处超过－3.0。试验结果表明，在热带雨林展室一侧有安装缺口，形成竖直的强附着涡，使流线下沉，在顶部形成较强负压。顶棚由高21m的热带雨林展室向沙漠公园展室倾斜。在顶棚向下风方向倾斜时，迎风侧屋顶产生较强负压，反之则顶部负压明显减弱。同样，当风向由较低的椭圆顶部四季花园吹来时顶部风压较弱，反之则有－3.0以上的较强负压。脉动风压的均方根值通常在双曲率顶棚和椭球顶部的联楼部位处最强。

5.6.2 高层建筑和结构的风荷载模拟

高层建筑和结构多数为柱形或接近柱形。用来流中不同高度的动压对表面风压作无量纲化处理，则除顶部和底部受自由端和地面影响外，中间大部分的风压系数或称体形系数的周向分布与二维柱体相似。

在使用1/4椭圆漩涡发生器形成1/7幂次律中性大气边界层气流模型中，采用1/1000模型对90m大型双曲线形冷却塔进行分析的风洞模拟试验中，冷却塔模型的表面光滑，而且在表面贴有16根、32根和64根细丝线，从而得到了不同细丝密度下不同高度处的环向风压系数。在边界层的外缘的风速为15m/s，模型的*Re*数为3万左右。

环向风压分布为超临界状态。此时光滑塔时最低负压为－1.48，与茂名塔的实测结果－1.50相近。随着丝线密度的增加，最低负压值呈现而上升趋势，分别为：－1.3、－1.1和－0.9，并且测量结果与国外的实测结果基本一致，例如S16的结果与威斯维勒(Weisweler)塔和克里克(M. Creek)塔的实测资料相近，S32的结果与豪森(S. Hausen)塔相近。背压除茂名塔外均为－1.5左右。周向风压分布随高度有一定变化。以S16的风压分布为例。在ζ为0.56～0.8时，最低负压为－1.3。在$\zeta=0.44$和0.84时，最低负压为－1.2，向两端逐渐减至－1.0、－0.8和－0.5。粘贴丝线的目的本来是防止圆截面绕流在3×10^4的雷诺数范围内为亚临界状态。试验表明，由于湍流强度高达10%左右，光滑塔的风压分布已经进入超临界状态。

高层建筑风荷载研究中的另一大课题是附着涡和脱落涡问题。在一些平面形状(例如圆形、柱形和Y形)的高层建筑中，在其表面会产生附着涡和脱落涡，从而产生很强的柱间影响力，同时对建筑结构产生很大的影响。例如渡轿电厂冷塔的倒坍事件中，后排的三塔倒塌。通过双柱绕流的原理解释，在倒塌之前的风向及塔距的情况下，前柱一侧的脱落涡在后柱阻挡下聚成大涡使后柱驻点在其诱导下偏转60°，并形成很强的负压，从而后排的塔受到很强的负压作用，表现出了更早破坏。

舒适度和安全性问题是高层建筑在强风下的又一大难题。通常采用弹性模型的方法，确定模型在不同位置的加速度，同时使用舒适度指标做检验。在横风向上，由于涡流引起的振动问题及由于结构柔性产生的鞭梢效应均为目前研究的课题。

5.6.3 环境风洞

对于复杂地形或建筑周围的流场特征，或者大气污染物的扩散规律，通常采用环境风洞模拟大气边界层的流动。对于复杂的非定常流动情况，单点测量仪器测量非定常流动存在一些固有的缺陷。其中，粒子图像测速即PIV(Particle Image Velocimetry)技术是一种先进的流体测量技术(图5-17)，它可以实现对非定常流动进行整场、瞬时、非接触定量测量，具有许多其他仪器所不能相比的优点。

在环境风洞中，PIV技术能够提供流体中某一截面的整个流场信息，从而实现了大尺度的

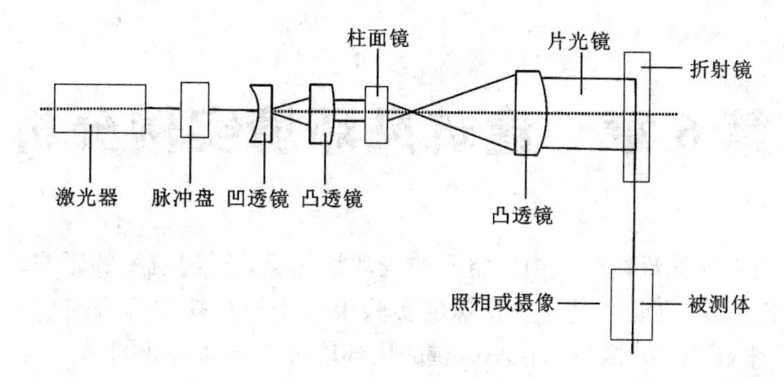

图 5-17　PIV 技术的流动显示与测量原理图

资料来源：褚亚旭，基于 CFD 的液力变矩器设计方法的理论与实验研究

流场测量，同时在对于复杂地形以及建筑物周围流场的细部分析提供了技术支持。同时 PIV 技术的图像处理技术可以在很短的时间内完成，因此可以在复杂的情况下简单便利地取得精确满意的 PIV 图像。

通常情况下，环境风洞中的气体流动为三维非定常流动，并且由于流场的尺度比较大，造成 PIV 技术的应用存在一定的难度。其中对环境风洞有两大主要要求：

(1) 激光器的能量较大，片光所照明的视场大；

(2) 播撒粒子的光散射性及其在流场中的跟随性要好。

第 6 章　建筑风环境实例分析

建筑风环境是空气气流在建筑内外空间的流动状况及其对建筑物的影响。然而风环境只能感知到,看不见、摸不着,只能通过一些特殊的实验手段才能对其进行研究。随着计算机技术的发展,计算流体力学(CFD)模拟技术在小区域的风环境分析与研究也日臻完善,与传统的实测法和风洞实验法相比,CFD 模拟法克服了传统方法的周期长、精度差、投资成本高等缺点,直接在计算机上离散求解空气流动遵循的流体动力学方程组,并将结果用计算机图形学技术形象直观地表示出来,因此有着非常广阔的应用前景,目前国内外都在此方面进行着大量的研究与实践。本章通过对三个实例的室外风环境进行模型研究,借以分析建筑风环境的一般规律。

案例研究应用计算流体力学(CFD)软件 Fluent,用来模拟从不可压缩到高度可压缩范围内的复杂流动。由于采用了多种求解方法和多重网格加速收敛技术,因而 Fluent 能达到最佳的收敛速度和求解精度。Fluent Air-pak 是面向工程师、建筑师和设计师的专业领域工程师的专业人工环境系统分析软件,特别是 HVAC 领域。它可以精确地模拟所研究对象内的空气流动、传热和污染等物理现象,它可以准确地模拟通风系统的空气流动、空气品质、传热、污染和舒适度等问题,并依照 ISO 7730 标准提供舒适度、PMV、PPD 等衡量室内空气质量(IAQ)的技术指标。

6.1　同济联合广场风环境研究

6.1.1　项目概况

同济联合广场位于上海市杨浦区(图 6-1,图 6-2),建成于同济大学百年校庆之时,由五座相对独立但又有机结合的建筑组合而成,其中 A 座与 B 座是 5A 高档商务办公楼,C 座属于公寓式办公楼,D 座是四星级酒店,E 座是商业广场(图 6-3,图 6-4)。其中,同济联合广场南区占地面积 16736 m^2,总建筑面积约 80000 m^2,是融办公、商业、酒店于一体的中、高档标志性综合建筑群。A 座、B 座商务办公楼引进了国际办公楼前沿设计理念,按照美国绿色建筑 LEED 认证标准设计、施工,建筑立面上采用了 LOW-E 双层中空玻璃幕墙,并通过对空调、通风及其他

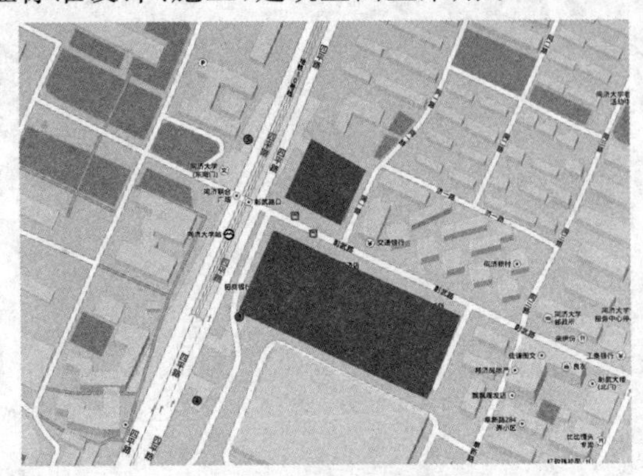

图 6-1　同济联合广场区位图

图 6-2　同济联合广场航拍图

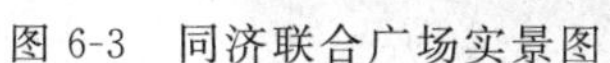
图 6-3　同济联合广场实景图

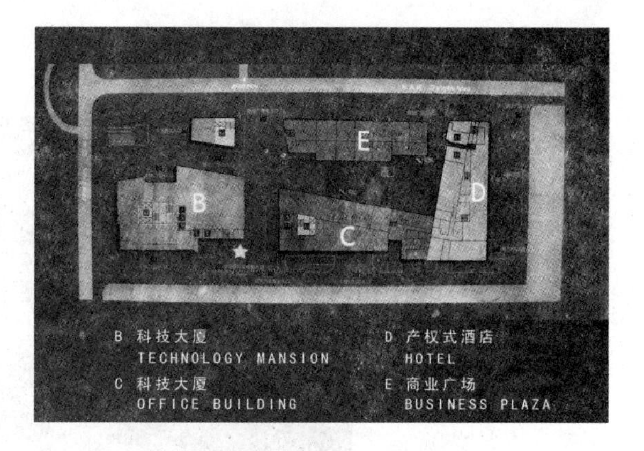

图 6-4　同济联合广场总平面图

主要设备用电控制自动调节，降低能耗，使建筑耗达到了国际 ASHRAE 节能标准；通过使用节水器具、选择节水植物等措施，达到了节水 30%的目标；同时，建筑采用水土流失控制、暴雨水管理、热岛效应控制、环保冷媒等措施，成为科技、环保、舒适、节能的绿色建筑典范。

6.1.2　模拟分析

本研究应用计算流体力学(CFD)软件 Fluent，结合上海市地理信息资料，以上海市多年平均气象要素作为初始条件，进行多尺度大气环境数据模拟，利用可视化分析工具，实现对数值模拟结果的分析、评估，直观显示建筑群对大气流场的影响，并对可能造成的灾害域进行分析。

1. 外部环境

上海地理位置为东经 121.4°，北纬 31.2°，平均海拔高度 7m，时区：东 8 区。上海位于北亚热带东亚季风盛行的地区，气候温和、湿润，全年平均气温 15.8℃，全年平均日照时数 2104h，年平均相对湿度 77%～83%，全年最大风速约为 55km/h，即为 15.2m/s 左右，年平均风速约 3.0m/s，每年 11 月至次年 2 月多北风和西北风，3 月至 8 月盛行东南风，9 月至 10 月多为北风和东北风，本次实验通过 Fluent 对夏季东南风和冬季西北风两种典型工况进行模拟(表 6-1)。

表 6-1　　模拟选用的典型气候条件

气象要素	6 月	12 月
温度(K)	300	275
相对湿度	75%	58%
大气压强(kPa)	100.53	102.51
平均风速(m/s)	3.2	3.1
风向	东南风	西北风

2. 模型简化

利用 Gambit 建模工具，建立同济联合广场模型，同时选择距离地面不同高度的横切面和不同位置的纵切面模拟结果进行分析，主要分析人员在该区域主要活动平面的风环境。图 6-5 为同济联合广场建筑群 CFD 模拟简化模型。建模过程中考虑到分析的主要对象为同济联合广场建筑群周边风环境，因而将周边环境假定为空旷场地，忽略其对研究对象的影响。模型边界大小 650m×450m×200m；模型比为 1:1，模型最高点为 88m(A 座、B 座楼顶)，地基位于 0m 处。

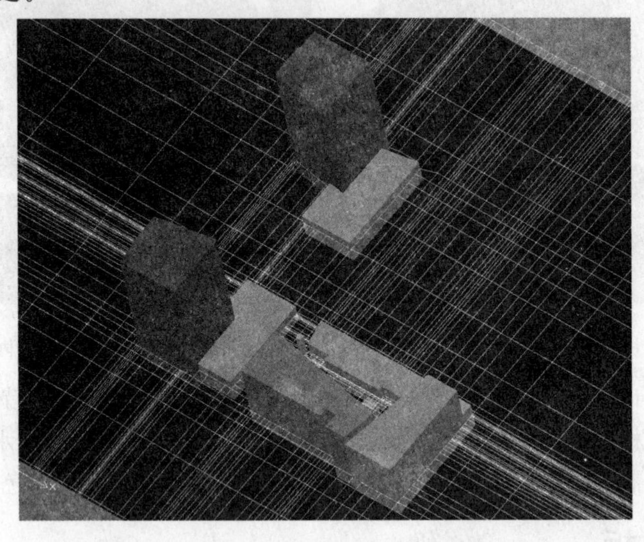

图 6-5 同济联合广场建筑群 CFD 模拟简化模型

3. 数学模型的选取

湍流模型是 CFD 软件的主要组成部分之一，通用 CFD 软件都配有各种层次的湍流模型，通常包括代数模型、一方程模型、二方程模型、湍应力模型、大涡模拟等。建筑群周边风的流动一般属于较大雷诺数、低旋、弱浮力流动，常用的数学模型有二方程模型和大涡模拟模型(LES)等，相较而言，二方程模型 k-ε 模型计算成本低，在数值计算中波动小、精度高，在低速湍流中应用较为广泛，易于进行网络自适应。因此本书中案例研究采用标准 k-ε 模型。其所有的控制微分方程包括连续方程、动量方程和 k 方程和 ε 方程，公式如下所示(考虑流体不可压缩，稳态后的简化)：

湍流黏性系数：

$$\mu_i=\frac{c_\mu \rho k^2}{\varepsilon} \tag{6-1}$$

连续性方程：

$$\frac{\partial(\rho u_i)}{\partial x_i}=0 \tag{6-2}$$

动量方程：

$$\frac{\partial(\rho u_i u_j)}{\theta x_i}=\frac{\partial}{\partial x_i}\left(\mu \frac{\partial u_i}{\partial x_j}\right)-\frac{\partial p}{\partial x_j} \tag{6-3}$$

k 方程：

$$\frac{\partial(\rho k u_i)}{\partial x_i}=\frac{\partial}{\partial x_i}\left[\left(\mu+\frac{\mu_t}{\sigma_k}\right)\frac{\partial k}{\partial x_j}\right]+\mu_t\left(\frac{\partial u_i}{\partial x_j}+\frac{\partial u_j}{\partial x_i}\right)\frac{\partial u_i}{\partial x_j}-\rho\varepsilon \tag{6-4}$$

ε 方程：

$$\frac{\partial(\rho\varepsilon u_i)}{\partial x_i}=\frac{\partial}{\partial x_j}\left[\left(\mu+\frac{\mu_t}{\sigma_z}\right)\frac{\partial\varepsilon}{\partial x_j}\right]+\frac{C_{1\varepsilon}\varepsilon\mu_t}{k}\left(\frac{\partial u_i}{\partial x_j}+\frac{\partial u_j}{\partial x_i}\right)\frac{\partial u_j}{\partial x_i}-C_{2\varepsilon}\rho\frac{\varepsilon^2}{k} \tag{6-5}$$

方程(6-4)与(6-5)各项含义:

$\frac{\partial(\rho k u_i)}{\partial x_i}$和$\frac{\partial(\rho\varepsilon u_i)}{\partial x_i}$为对流项;

$\frac{\partial}{\partial x_i}\left[\left(\mu+\frac{\mu_t}{\sigma_k}\right)\right]$和$\frac{\partial}{\partial x_j}\left[\left(\mu+\frac{\mu_t}{\sigma_z}\right)\frac{\partial\varepsilon}{\partial x_j}\right]$为扩散项;

$\mu_t\left(\frac{\partial u_i}{\partial x_j}+\frac{\partial u_j}{\partial x_i}\right)\frac{\partial u_i}{\partial x_j}$和$\frac{C_{1\varepsilon}\varepsilon\mu_t}{k}\left(\frac{\partial u_i}{\partial x_j}+\frac{\partial u_j}{\partial x_i}\right)\frac{\partial u_j}{\partial x_i}$产生项;

$\rho\varepsilon$ 和 $C_{2\varepsilon}\rho\frac{\varepsilon^2}{k}$耗散项。

式中 μ——流体动力黏度(下标 t 表示湍动流动);
ρ——流体密度(m^3/s);
k——湍流脉动动能;
ε——耗散率;
u_i——时均速度;
$\sigma_k,\sigma_\varepsilon$——与湍流动能 k 和耗散率 ε 对应的普兰特尔数;
i,j——张量指标,取值范围(1,2,3)。

根据张量的有关规定,当表达式中的一个指标重复出现两次,则表示要把该项在指标的取值范围内遍历加和。根据朗德等的推荐值及后来的实验验证,模型常数的取值分别为:$C_{1\varepsilon}=1.44$、$C_{2\varepsilon}=1.92$、$\sigma_k=1.0$。

4. 边界条件及网格划分

数学模型和控制方程确定之后,紧接着就必须确定合理的边界条件,让模拟实验接近真实情况。在本次模型中定义计算流域入流处为 Fluent 中的速度进口边界条件(velocity-inlet),并依据上文列出的典型气候条件对 velocity-inlet 边界的流动速度 v,k 和 ε 定义。定义出口(包括分析区域的出风口和天空)为 Outflow 自由出流边界条件。地面和建筑物表面是固定不动、不发生移动的,因此采用无滑移的壁面条件(wall),wall 是用于限定 fluid 和 solid 区域的一种边界条件。对于黏性流体,采用粘附条件,即认为壁面处流体速度与壁面该处的速度相同,无滑移壁面的速度为零,壁面处流体速度为零。

CFD 软件都配有网格生成(前处理)与流动显示(后处理)模块,网格分为结构型和非结构型两大类。网格生成质量对计算精度与稳定性至关重要,网格生成能力的强弱也是衡量 CFD 通用软件性能的一个重要因素。本研究在利用 Fluent 进行模拟时,采用非结构化网格(Tgird)技术进行网格划分,其划分的网格包括多种形状,尽可能最大限度地把复杂的下垫面形状表现出来,提高模拟的效果。非结构网格(Tgird)不受求解域的拓扑结构与边界形状限制,具有很好的灵活性和适应性,利于进行网格自适应,能根据流场特征自动调整网格密度,对提高计算速度和计算精度十分有利,图 6-6 即为本次研究模型划分的非结构化网络。

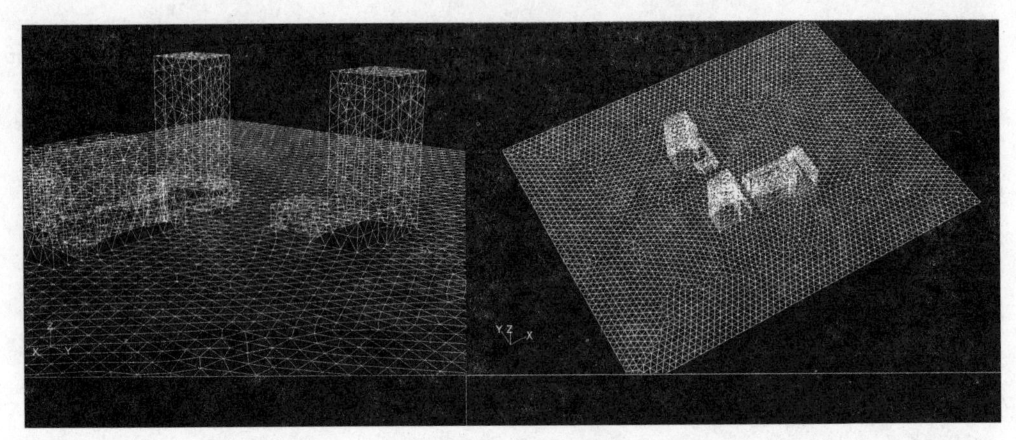

图 6-6　非结构化网格

6.1.3　模拟结果及分析

图 6-7 至图 6-9 分别是模拟的同济联合广场夏季、冬季 2m 高度(行人活动区域)的风压云图、温度云图、风速矢量图。从图 6-7 中可以看到,在通风的状态下,建筑物的迎风面和背风面产生了明显的风压,建筑的迎风面形成了位移区,背风面形成了空腔区,高压区主要集中在建筑群与风向垂直的两端,这一点与图 6-9 风速矢量图是吻合的,入射风在遇到建筑群的遮挡后被迫从建筑的两侧绕行,导致两侧风速加快,进而导致风压变大,在建筑背风面的低压区中,风速明显下降,夏、冬两季背风区风速主要集中在 0.2～0.6m/s 之间,未形成“狭管风”,总的来说这种速度不会对行人造成干扰,同时对于污染物的扩散也是比较有利的,但建筑群的某些局部地段因为建筑的围合导致通风不畅,如图 6-8 温度云图所示,夏季 C、D、E 座围合的半封闭内院中温度明显高于其他地区,这将导致该区域的热舒适性降低,同时增加夏季降温的空调能耗。

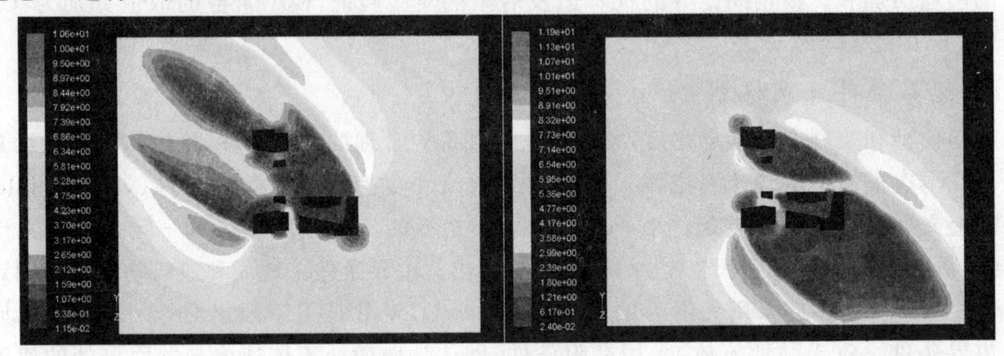

图 6-7　夏季、冬季 2m 高度的风压云图

图 6-10 至图 6-18 分别对 20m、80m、100m 高度层面的夏、冬两季风压云图、温度云图、风速云图进行了对比。从图 6-10 至图 6-12 中不同高度的风压图对比可以看到,随着高度的上升,建筑裙房对风压的影响越来越小,负压区(空腔区)越来越小,正压区的范围越来越大,到 80m 高度时正压区相连成了环状,100m 高度时形成了一片,此时已经高于建筑物最高点,已不存在负压区。图 6-13 至图 6-15 是不同高度的温度云图,从图中的对比可以看出,建筑群对温度的影响随着高度的上升越来越小,夏季 20m 高度层面,在半围合内院局部出现了高温区,到 80m 高度时影响已经相当微弱,100m 高度时已经完全没有影响。图 6-16 至图 6-18 分别是不同高度的风速云图,风速与压力基本是一致的,随着高度的上升,低速风区越来越小,高速风

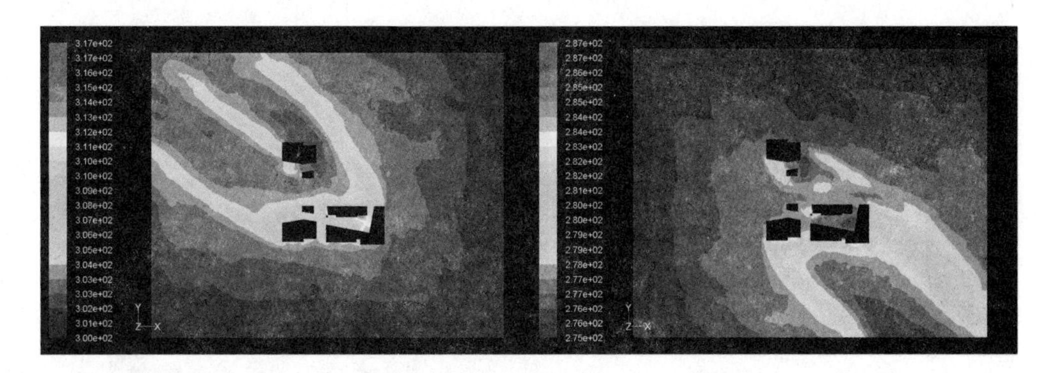

图 6-8　夏季、冬季 2m 高度的温度云图

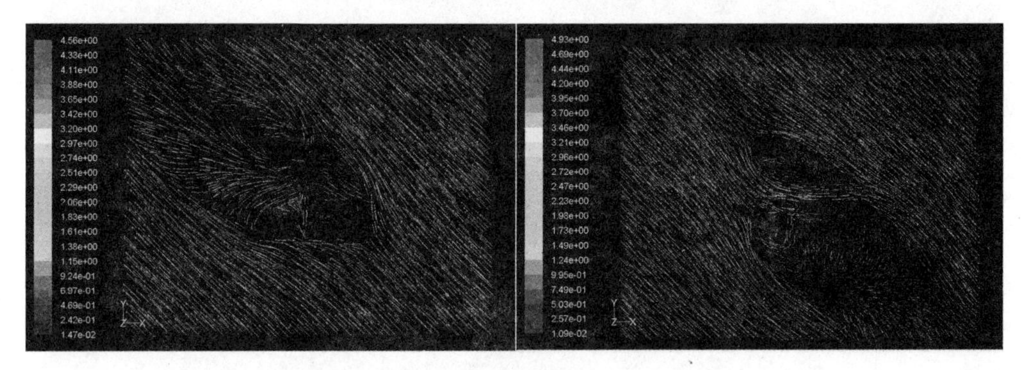

图 6-9　夏季、冬季 2m 高度的风速矢量图

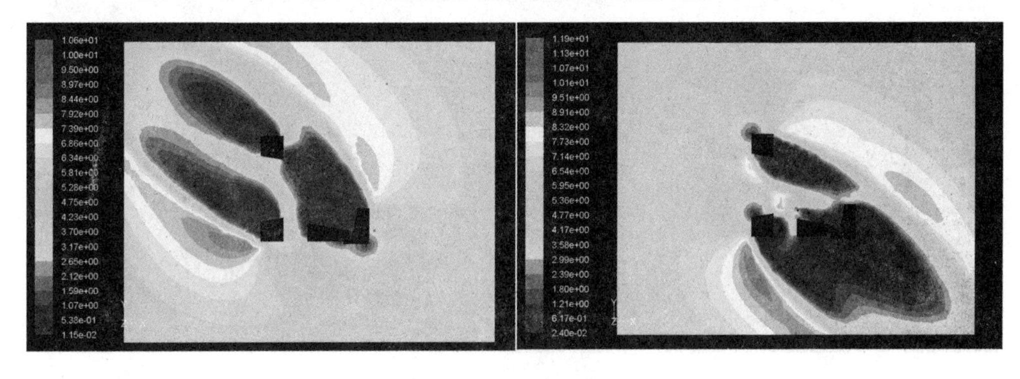

图 6-10　夏季、冬季 20m 高度的风压云图

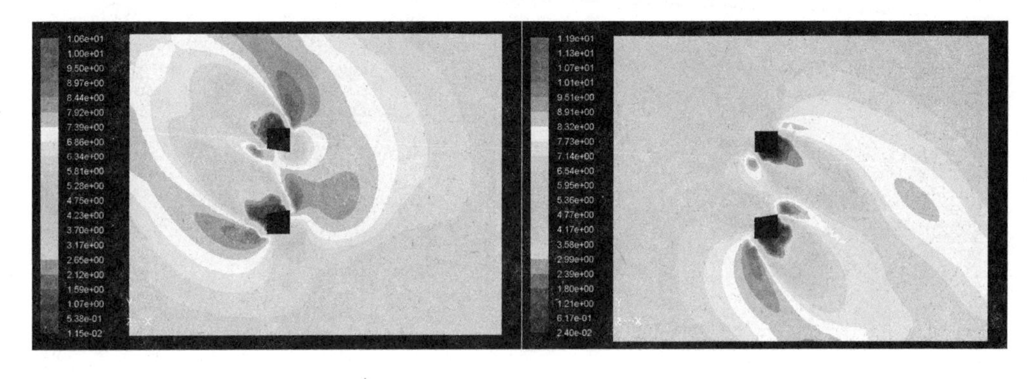

图 6-11　夏季、冬季 80m 高度的风压云图

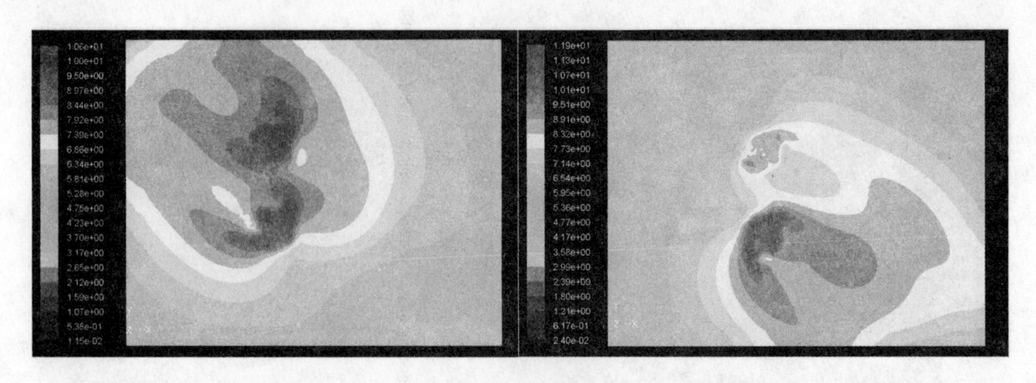

图 6-12　夏季、冬季 100m 高度的风压云图

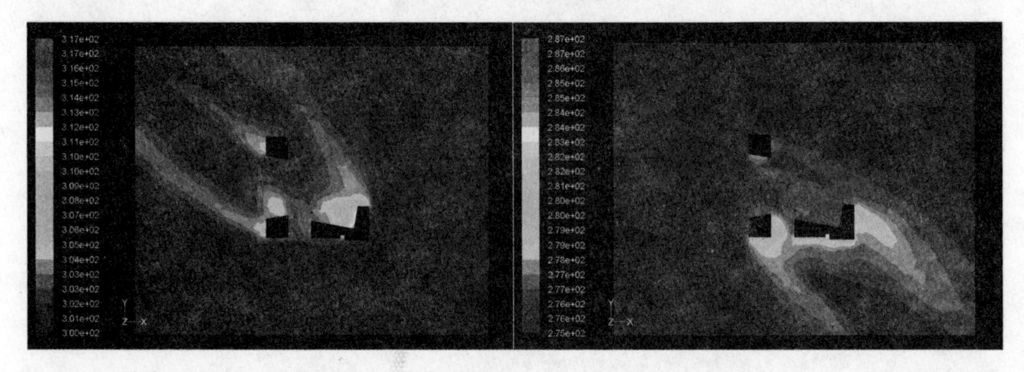

图 6-13　夏季、冬季 20m 高度的温度云图

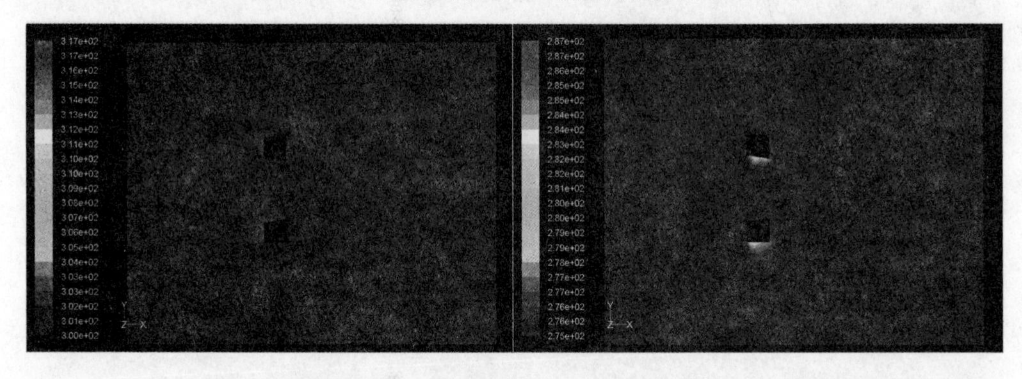

图 6-14　夏季、冬季 80m 高度的温度云图

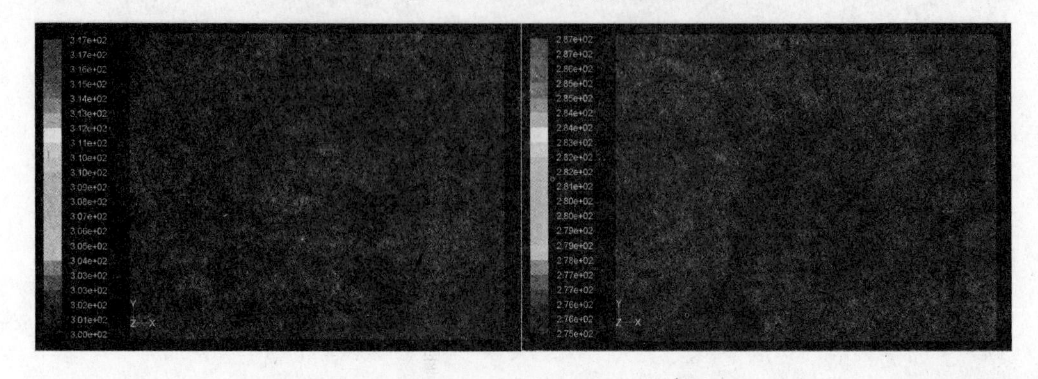

图 6-15　夏季、冬季 100m 高度的温度云图

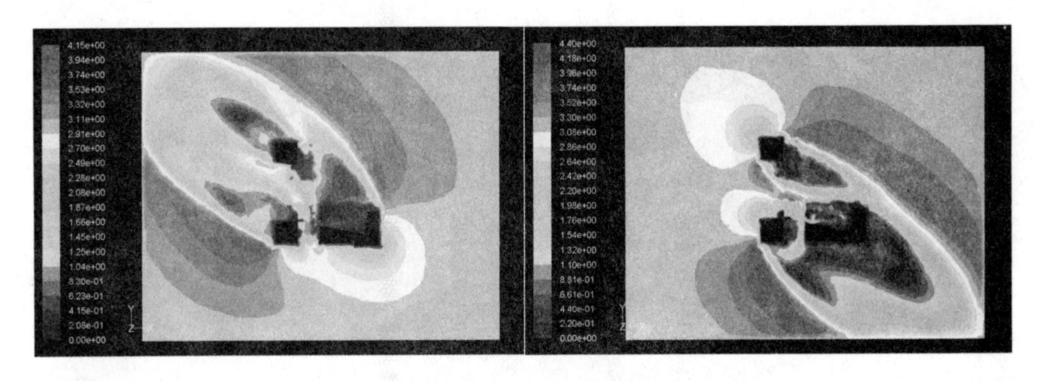

图 6-16　夏季、冬季 20m 高度的风速云图

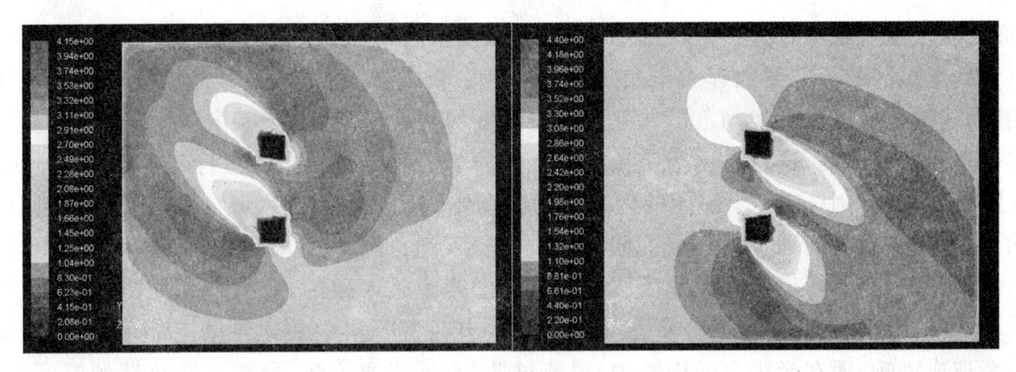

图 6-17　夏季、冬季 80m 高度的风速云图

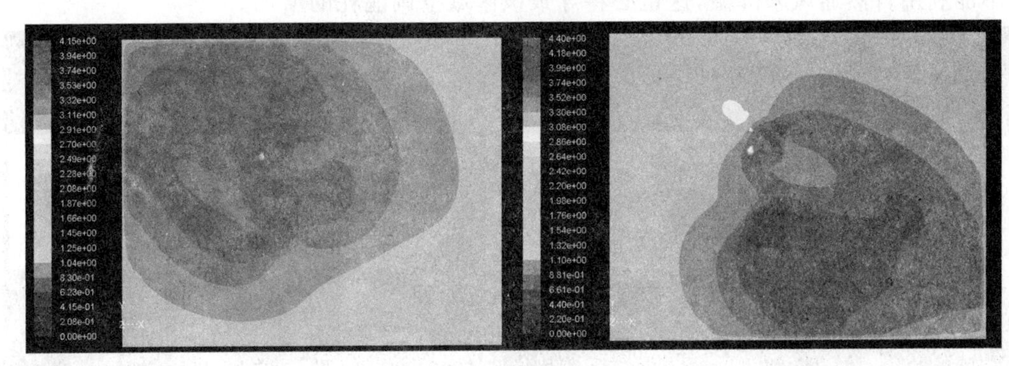

图 6-18　夏季、冬季 100m 高度的风速云图

区越来越大，当高于建筑最高点时，低速区已经消失了。从 100m 高层的风压云图和风速云图，我们可以看出建筑的高度对流场的影响远远大于建筑本身所在的区域。

图 6-19 是模拟的夏季建筑表面和地面的风压模拟图，图中我们可以明显地看到建筑的群的迎风面主要以正压为主，以迎风面的底部会出现局部的负压区，随着高度的上升压力呈上升趋势，在建筑的顶面压力达到最大值，建筑的两侧的地面也现出了大面积的正压区。建筑群的背风面以及背风面的地面基本上都是负压区，模拟结果也与前面高度层面的模拟结果是相吻合的。

图 6-20 至图 6-22 联合广场沿四平路纵切面夏季、冬季的风压、温度、风速模拟图，图 6-23 至图 6-25 是联合广场沿彰武路纵切面夏季、冬季的风压、温度、风速模拟图，从图 6-20 和图 6-23的风压图可以看到，风压区主要集中在建筑的背风面，迎风面的底部也会局部出现负压

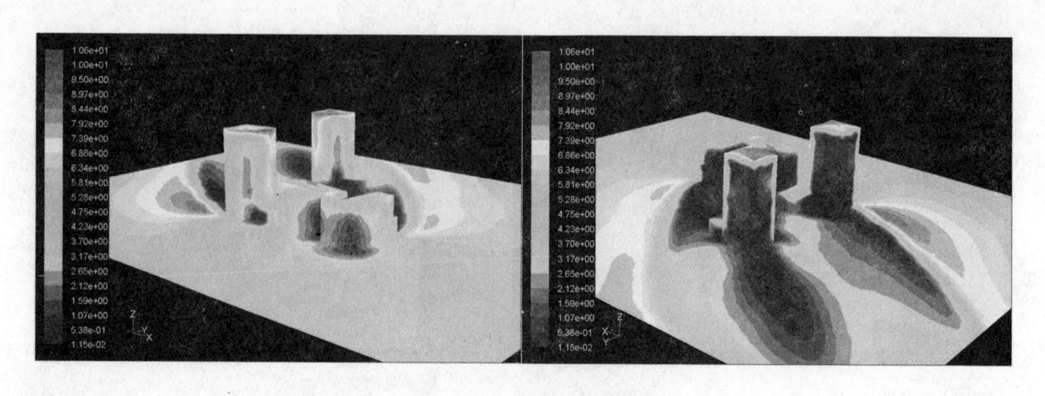

图 6-19　夏季建筑物及地面承受的风压图

区，而正压区主要集中在建筑的顶部，并且从顶部开始沿风向的方向向地面扩散，从两图中还可以看到正压区的范围要远远大于负压区的范围。图 6-21 和图 6-24 为温度云图，与风压云图相比，建筑群对风压的扰动范围比建筑群对温度的扰动范围大很多，并且温度变化区主要是集中在负压区范围内，这也是因为负压区空气流通不畅而导致不能将建筑产生的热量排出，图 6-24夏季温度云图中，位于半封闭的内院里的温度要明显高于周边区域，就是由于上述原因产生的，模拟结果也与前面各高度层的模拟结果是一致的。图 6-22 和图 6-25 是风速云图，通过与压力云图的对比，可以发现风速云图与压力云图基本是一致的，没有产生“狭管风”，模拟的夏季、冬季的最高风速分别为 4.2m/s 和 4.4m/s，并且都是集中在建筑的上部，对人员活动区域不会造成影响，而在半围合的内院中，风速过低，空气流通不畅，导致夏季该区域温度偏高，由于不能利用自然通风来降温，这也必将导致该区域空调能耗的增加。

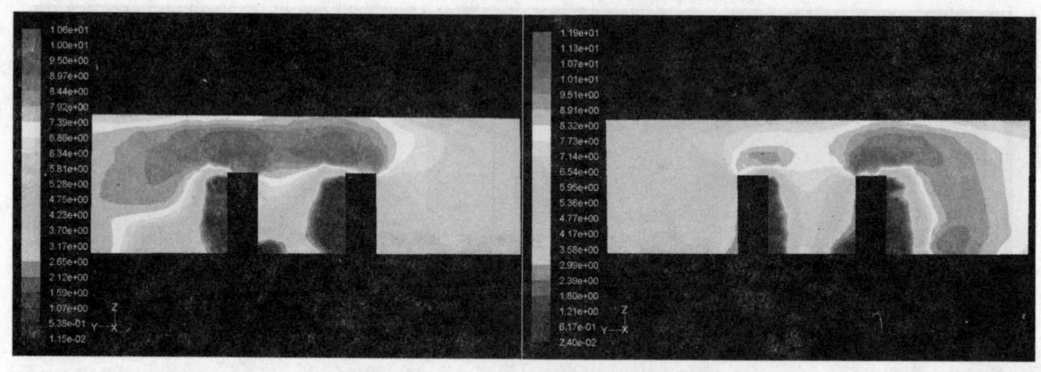

图 6-20　建筑群沿四平路纵切面夏季、冬季压力云图

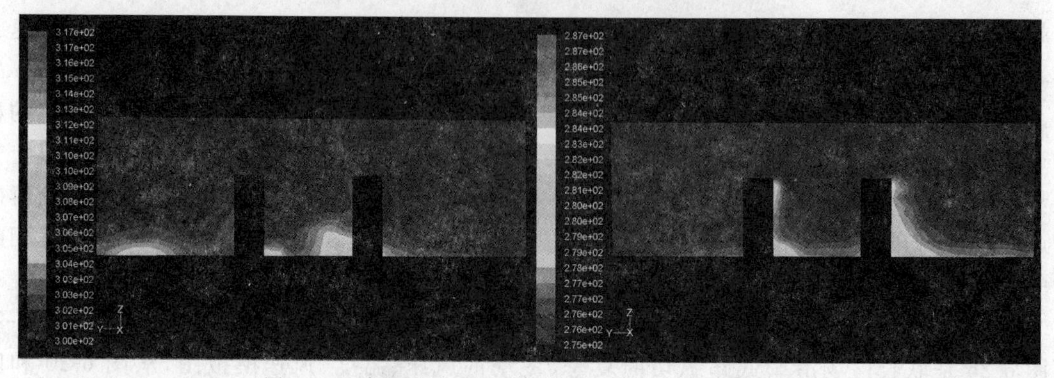

图 6-21　建筑群沿四平路纵切面夏季、冬季温度云图

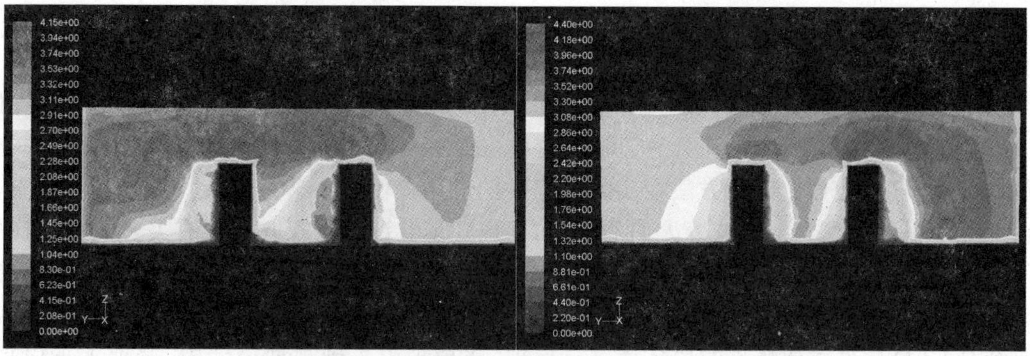

图 6-22 建筑群沿四平路纵切面夏季、冬季风速云图

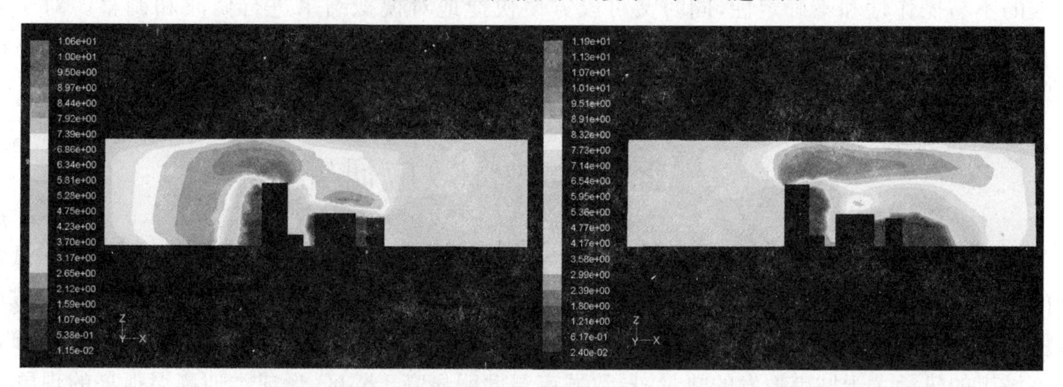

图 6-23 建筑群沿彰武路纵切面夏季、冬季压力云图

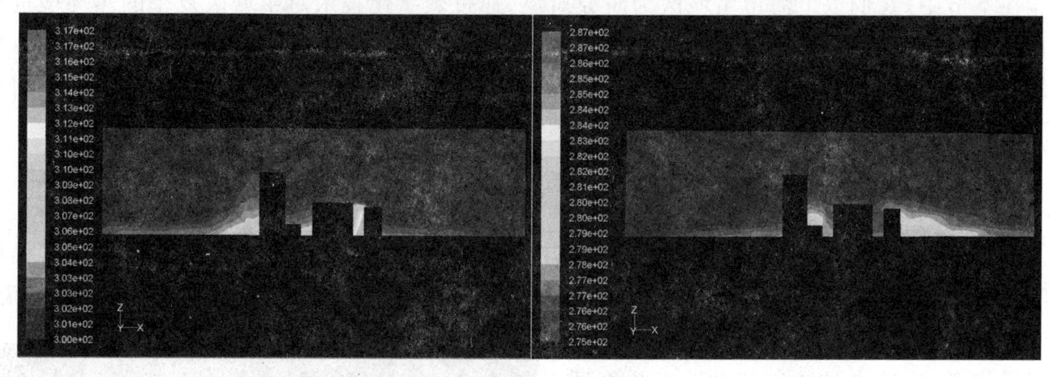

图 6-24 建筑群沿彰武路纵切面夏季、冬季温度云图

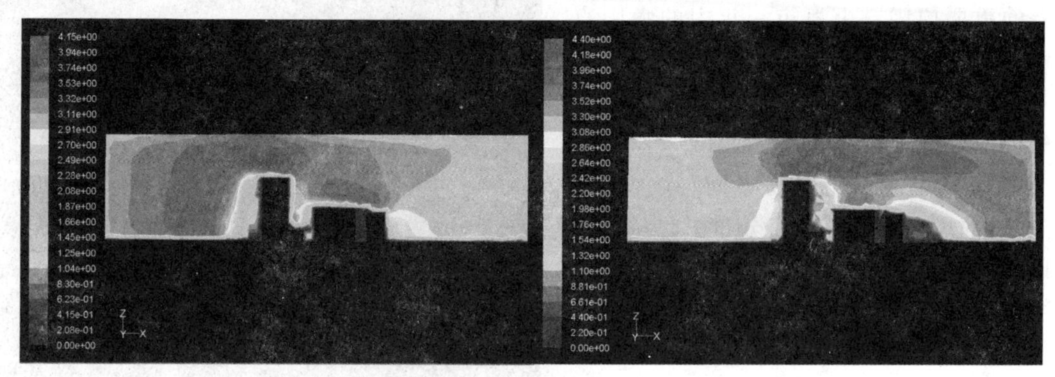

图 6-25 建筑群沿彰武路纵切面夏季、冬季风速云图

6.1.4 结语

本节以同济联合广场建筑群为研究对象，以 Fluent 计算流体力学软件为研究工具.对数值模拟建模过程中的几何建模、计算流域的确定、网格划分、边界条件的选取、湍流模型的选择进行详细地阐述，为数值模拟方法在实际工程中的应用提供有益参考。

环境中风的状况直接影响着人们的生活，而风环境状况不仅仅与气候有关，还与建筑物的形体、布局、高度、朝向、空间组合等有着密切关系。在绿色以及低碳观念越来越备受重视的今天，未来的建筑设计，不仅要考虑到建筑的实用美观，还要考虑到建筑的能耗，可持续性，这就需要结合 CFD 软件对建筑群的风环境进行模拟，将模拟引入到规划设计中，避免了采用真实数据的不易操作性和不确定性，同时又可以方便快捷地对模拟结果进行修改和调整。对于政府及城市规划、建设部门进行科学决策，提高建筑规划设计的合理性以及对我国绿色、生态建筑的发展，具有重要的现实意义。

6.2 上海市热岛效应研究

城市人口和用地规模迅速增长的同时，也导致了激增的城市人口及有限的环境资源容量之间的矛盾，城市已经不堪重负，城市病也由此产生。城市“热岛效应”便是其中之一，它是指城市发展到一定规模，由于城市下垫面性质的改变、大气污染及人工废热的排放等因素，使太阳辐射到该城市的热量大于城市散发的热量，导致城市温度明显高于郊区，形成类似高温孤岛的现象。

在本节中，我们以上海市主城区为研究对象，通过数字化技术对主城区夏季的热环境进行仿真模型研究，以期为未来城市的城市规划、空间布局提供一定的参考依据。选用 Air-pak 软件作为研究工具。Air-pak 软件是计算流体力学(CFD)软件的一种，基于计算机技术，应用各种离散化的数学方法，对流体力学的各类问题进行数值实验、模拟计算和分析研究。

6.2.1 上海市气象条件分析

上海地处北纬 31.20°，东经 121.21°，长江三角洲前沿，东濒东海。依据中国建筑气候区划图，上海属于气候Ⅲ区——夏热冬冷气候区，夏热冬冷气候区域的典型特征就是夏季高温、高湿，由于空气湿度大，导致人体内的汗液难以排出散热，这也是导致夏季城市热舒适性差的重要原因。上海市一年中的太阳直接辐射最强值出现在五月，最高温度出现在六月，平均温度最高是在七月。因此，本案例的模拟分析时间选择为七月。

图 6-26 是上海七月份午间(10：00—14：00)的风向、风频、风速分布图。从图中可以看到，七月午间以南风、东南风、西南风为主，风速最高值可达 50km/h，平均风速为 15 km/h。为了便于模拟计算，在模拟时将入射风向定为东南风，风速取 15 km/h，温度为 28℃。

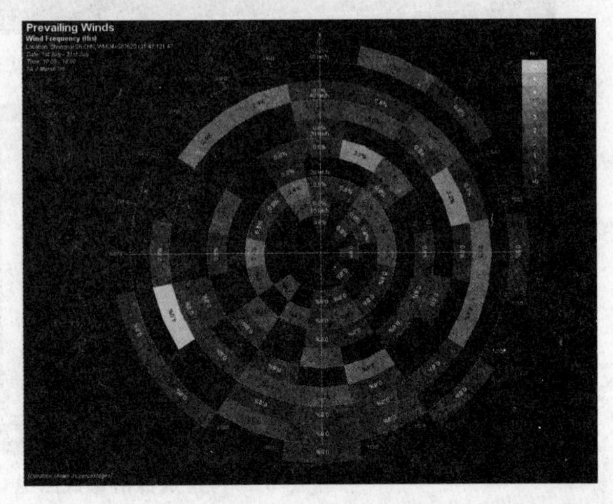

图 6-26　上海七月午间风向、风频、风速图

6.2.2 CFD 模型的建立

1. 模型简化与分区

在建立城市 CFD 模型时，要抓住主要矛盾，只考虑与城市热环境相关的信息，将具有相同属性的不同地区作为一个整体进行考虑，根据城市现有的肌理，将城市简化为以城市的主要干道、绿化、水系等条件为界限，将城市划分为多个区域（以 block 代替），并且每个区域都根据其用地性、建筑密度、容积率、绿化率赋予对应的属性。上海市公共活动空间的布局为“一主四次”（图 6-27，图 6-28），“一主”指的上海市级中心（包括陆家嘴中央商务区），“四次”指是分布在周边的四个副市级中心（包括徐家汇、花木、江湾—五角场、真如），这几个区域典型特点就是建筑密度大、容积率、人流量密集，在后面建立 CFD 模型时将会根据其特点确定相应的属性。

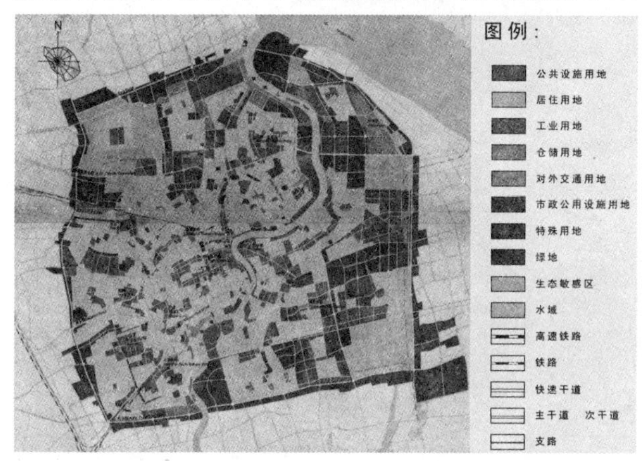

图 6-27 上海市主城区土地利用规划图

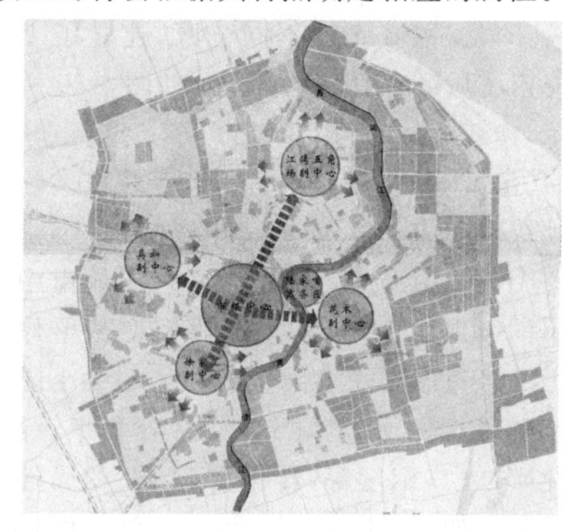

图 6-28 上海市主城区“一主四次”的功能分区图

在建立 CFD 模型时，根据国内一些学者的研究结果，一般风速条件下，100m 以下的通风道效果并不明显，只有当通风道宽度达到 150m 左右时，才能达到较为理想的通风排热效果。因此，在通风道方面，当其宽度小于 100m 时，忽略其内部通风效果；在水系方面，由于苏州河等河流流宽度过窄，在建模时不予以考虑。在绿地方面，120m×120m（即面积达到 1.44hm^2）以上的绿地在降低地表温度的生态功能是最显著的。因此，在绿地方面，只考虑了面积相对较大的公园、绿地等区域的温度调节功能，而一些小的街头绿地、小游园的温度调节功能不予考虑。由于城市基本被上述五大区域覆盖，通过对各地块地面进行特定的参数设置，考虑了城市下垫面对热环境的影响。在本实例中，交通与人为因素属于次要因素，忽略人工排热与交通排热的影响。

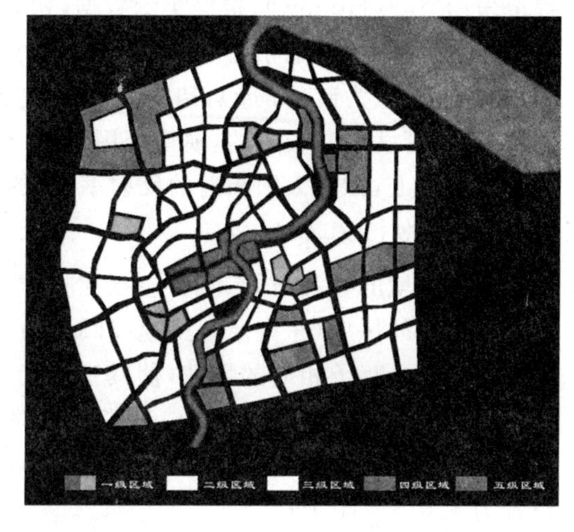

图 6-29 上海市主城区 CFD 数字模型区域分级

将城市以主要干道、绿化、水系等各种条件为界限，分为不同的区域地块（即为模型中的 block）。考虑到不同区域的建筑密度大小、容积率、绿化率、人口密度等因素组成的数字模型，在模拟仿真计算过程中可能表现出的不同特征，将整个上海市主城区分为 5 个等级（图6-29）。依次是一级区域——主要是市内的商业、商务中心区，包括浦东陆家嘴中央商务区、一个市级商业中心（人民广场周边区域）、四个市级商业副中心（包括徐家汇、花木、江湾—五角场、真如）；二级区域——高密度商业、住宅区；三级区域——低密度商业、住宅区；四级区域——城市公园、大型绿地；五级区域——城市内主要水系（黄浦江、长江）。

在区域分级过程中，根据区域内与城市热环境密切相关的建筑密度、容积率、绿地率、人口密度等因素综合考虑，取各参数在本地块上平均值，并且主要以该区域的 block 接受太阳辐射的程度、风的影响大小为标准，总的来说从一级区域到五级区域，其区域内的建筑密度、容积率、人口密度依次降低，绿化率则依次增高，由于水系（黄浦江）充当着通风廊道的作用，并且由于水系的蒸发作用要大于绿地，吸收的热量也就大于绿地，所以将水系排在第五位。

2. 模型参数设定

根据主城区的不同分区，建立了上海市主城区 CFD 数字模型，如图 6-30 所示，模型尺寸：长 × 宽 × 高 = 550m × 470m×15m，比例为 1∶1000。根据实际地块的相应指标赋予其相应的属性，是整个模拟中最关键的一步。对于城市中不同级别的区域，对于地块模型从整体上综合考虑其受太阳辐射和风的大小影响的程度，分别将建筑密度、容积率、绿化率、人口密度等，转化为 block 的属性参数。如五级区域（黄浦江、长江），区域属性（block type）设置为流体（Fluid），流体材质（Fluid material）设置为水（H_2O）。同时由于其受太阳辐射而产生蒸发作用，在 block 的上面还需要设置一个与其表面积相同的向上排风的出风口（opening），根据实测数据，出风的初始温度设定为 25℃。四级区域（绿地），由于植被热辐射能力明显小于建筑表面，而且热容量相对较大，潜热存储能力大于感热，对改善城市热环境具有积极的作用，在 block 的属性设置上采用空心（Hollow），根据实测数据，初始温度设置为 26℃。对于二、三级区域，由于以居住区为主，与一级区域相比，人流量相对较小，并且内部一般都有着较高的绿化率，block 属性采用空心，材质为砖（Brick），初始温度设置为 30℃。而对于一级区域，由于是人流量最集中的区域，建筑密度也是最大的，模型采用实体（Solid）的水泥材质，初始温度设置为 40℃。在材质的具体属性上，如对太阳辐射的反射率、热的吸收，可以根据具体情况进一步设置。

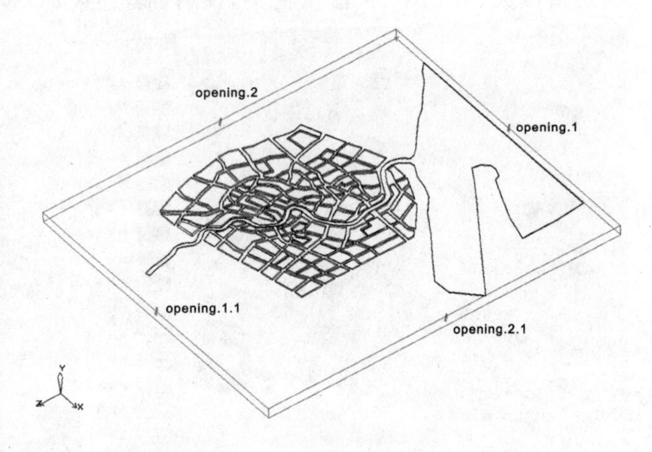

图 6-30　上海市主城区 CFD 数字模型

3. 模型边界条件设定

外部环境的参数设置，主要包括太阳辐射和风环境。根据前面 Ecotect 软件所确定的上海市七月份的风向（东南风）、风速（15km/h）和平均温度（28℃）。对模型中的四个出风口（如图 6-30 所示）赋予相应的风速，使其达到七月东南风的效果。本实例中考虑了太阳辐射的作用，地理位置设置为 31.20°N，121.21°E，时间设置为 7 月 15 日 12 时。太阳入射系数设为 1.0，地面反射率设为 0.2；在空气流态方面，设置为紊流（Turbulent）的 RNG 模式，大气压强设置为 1.013×10^5 Pa。

6.2.3 上海市热环境模拟结果分析

通过 Air-pak 软件的模拟计算,可以得出上海市主城区在七月份午间典型气候条件下的温度、风速、空气龄和太阳辐射的分布情况。通过综合对比分析这些模拟结果,可以得出上海市主城区城市规划布局与城市气候之间的关系。

从温度分布图中(图 6-31),可以明显看到模型城市在东南主导风向作用下的温度分布情况。在夏季午间主导风向情况下,上海市热区域分布构成以市级中心为主、市级副中心为辅的多中心城市热区域的主要特征。总的来说,市区的温度明显高于周边地区,形成了明显的城市"热岛效应",在主城区内,一级区域明显高于其他区域,从一级到五级区域,温度呈依次递减之势,黄浦江明显对城市热环境形成了切割之势,将主城区分为两块,并且临江地块温度也相对较低,这是由于水域的蒸发吸热和作为城市通风走廊两重作用下的结果。

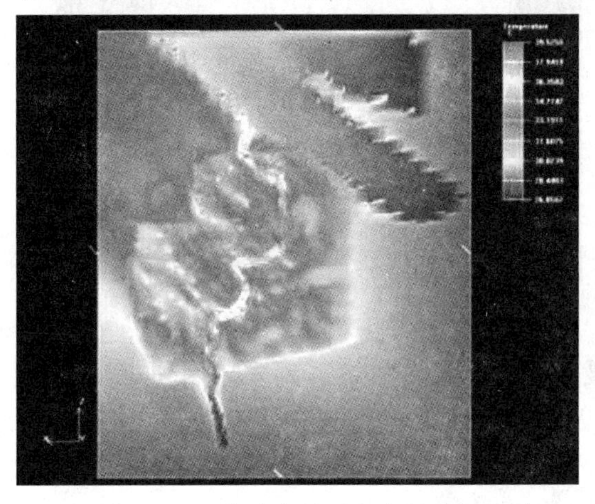

图 6-31 上海市主城区上空温度分布图

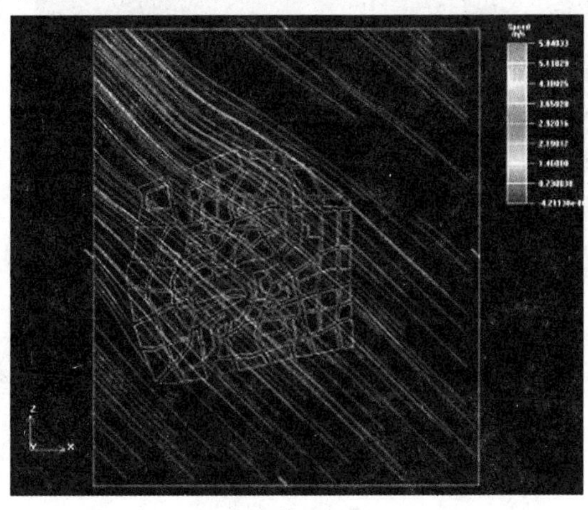

图 6-32 上海市主城区上空的风速流线图

图 6-32 是主城区上空的风速流线图,图中可以明显看到风运动的方向和风速变化,由于受到城市的影响,季风在经过城市上空时风向基本保持不变,但风速明显下降,城市下风向的风速明显低于上风向。从风速平面图(图 6-33,图 6-34)和空气龄图(图 6-35,图 6-36)分析来看,风在城市郊区风速较高,空气龄指数较短,由此说明风在城区周边的滞留时间较短;而通过主城区时,由于受到城内建筑的遮挡,速度有明显下降,空气龄指数相对较长,并且在城市的背

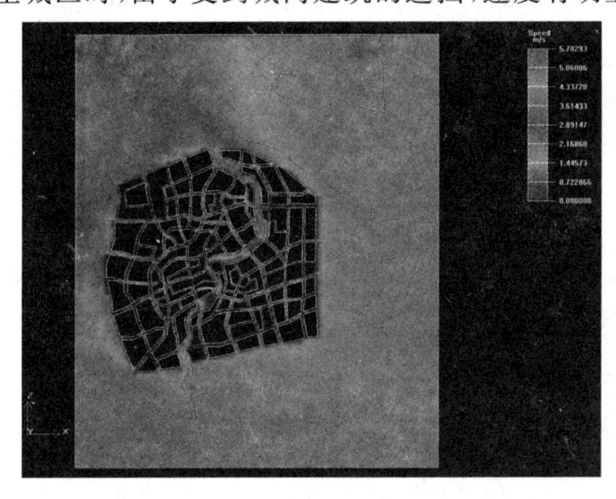

图 6-33 上海市主城区内的风速平面图

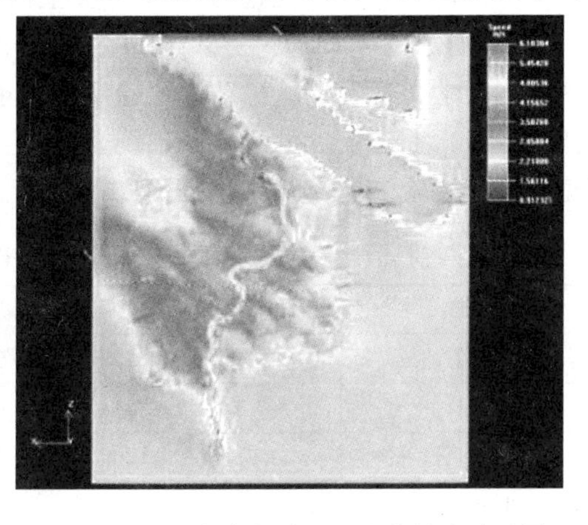

图 6-34 上海市主城区上空的风速平面图

风面有明显的风影区，一些与风向一致的街道空气龄也相对较短。

通过图 6-33 与图 6-34、图 6-35 与图 6-36 不同高度的纵向对比，发现城市上空虽然没有受到下方建筑物的遮挡，但却也受到了下方城市的影响，通过城市上空的风速降低，空气龄增加，但随着高度的上升，这种影响趋势越来越小。通过模拟实验可以得知，城市"热岛效应"是城市下垫面改变产生热量和由于下垫面改变导致通风不畅双重作用的结果，并且由于通风的改善，城市热岛的整体温度分布由下往上呈递减的趋势。通过与相关实测数据对比来看，CFD 模拟结果与实测情况基本上是一致的。

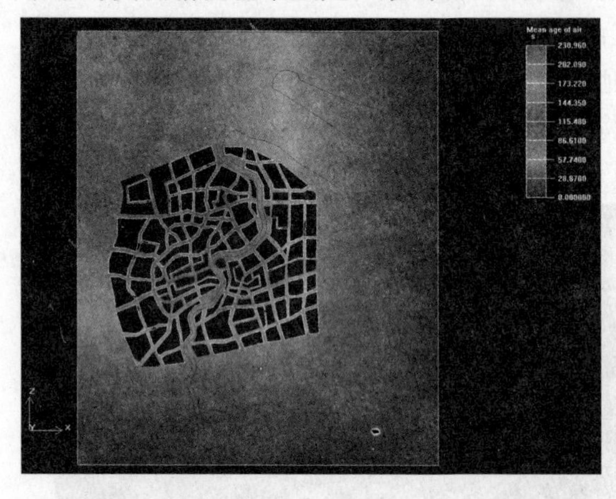

图 6-35　上海市主城区内的空气龄图

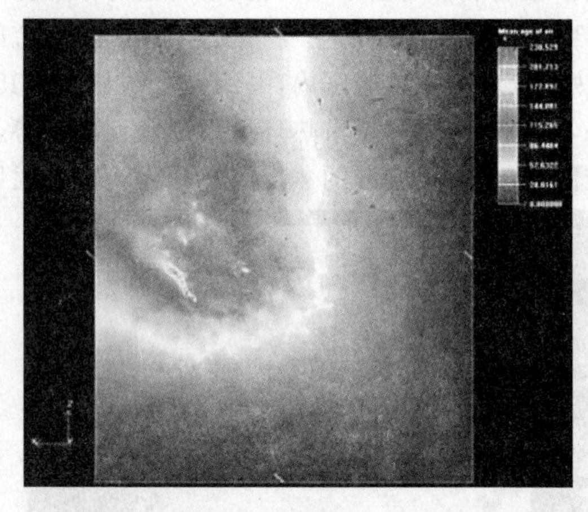

图 6-36　上海市主城区上空的空气龄图

上海主城区中心区(包括市级中心区、副市级中心区和陆家嘴中央商务区)由于城市下垫面性质改变大，建筑密度高，人口密度大，同时受太阳辐射的影响大，空气流动性差，使热量累积而产生了城市"热岛效应"，在黄浦区、长江和大型城市绿地周边区域，由于水体和植物的温度相对较低，调节了周边的小气候，对"热岛效应"有缓解作用。

6.3　室内空气环境质量的数值模拟分析

6.3.1　几何模型的设定

本节选取同济大学文远楼节能实验室内两种不同的空调通风方式作为研究对象，采用 CFD 方法，分别对不同通风方式下的热舒适性和室内空气品质进行模拟及分析。

同济大学文远楼外围护结构实验室采用了新型的空调系统：包括冷辐射板、转换通风(地板低速送风)、上送上出风的空调系统，计算选用的物理模型取自夏季中午典型工况下的文远楼建筑节能实验室，物理模型如图 6-37 所示。各模型参数见表 6-2。

表 6-2　Air-pak 中各模型参数

类别	尺寸	特性	简化模型
房间	6.8m×2.75m×5.8m	—	Room
打印机	0.5m×0.4m×0.5m	热源和污染源，100W	Block
低速送风口	R=0.12m	风速 0.5m/s，温度 21℃	Opening
排风口	0.15m×0.3m	8 个	Vents
进风口	0.3m×1.5m	—	Opening

续表

类别	尺寸	特性	简化模型
窗	2.75m×0.9m	南向 Low-E	Opening
相变墙	2.75m×5m	南向	Wall
人	站立/坐姿	130W/105W	Person
LED灯	0.05m×0.04m×1.15m	9个,30W/个	Blocks

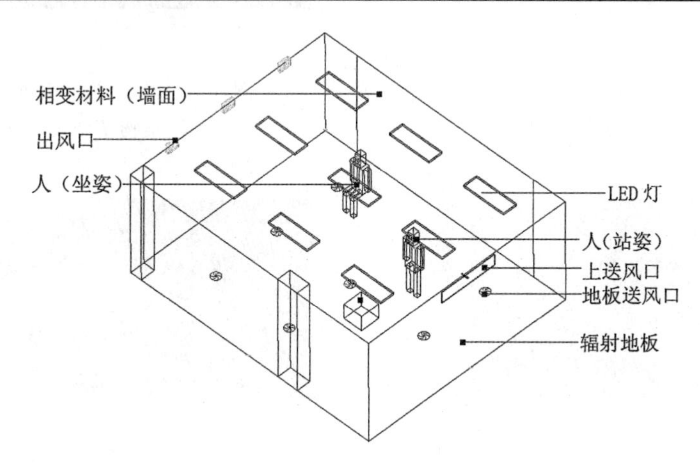

图 6-37　节能实验室简化的 Air-pak 模型

6.3.2　模拟结果分析

从模拟结果可以看出，上进上出模式中，大部分入射气流未充分融入室内(只是气流带动房间下部的气流旋转，进而进行热交换)，在降低室内温度和保持室内空气质量方面逊色于转换通风模式，图 6-38 与图 6-41($Z=2$m 处的污染物苯的浓度分布)的纵向对比很好地印证了这一点，转换通风模式下污染物苯高浓度区域只集中在污染源附近一小块区域，并且最高浓度也仅为 0.53g/m^3，绝大部分区域为轻微污染区域(污染物浓度≤0.46g/m^{3}属于轻微污染及无污染区域)，而上送上出通风模式下，污染物苯扩散范围相当大，轻微污染区域仅气流入射口附近一小块区域。

转换通风模式下污染物苯浓度分布图(图 6-38～图 6-40)横向对比可以看出，三个截面图基本相似，污染物苯高浓度区域仅仅集中在污染源附近一小块区域(三个截面中污染物最高浓度分别为:0.53g/m^3、0.76g/m^3、0.54g/m^3)，污染物浓度分布呈圈层分布，越往上浓度越低，整个截面中绝大部分区域都是无污染及轻微污染区域，并且污染物可以有效地随着入射气流排出到室外。

上进上出模式下污染物苯浓度分布图(图 6-42～图 6-44)横向对比可以看出，污染物扩散

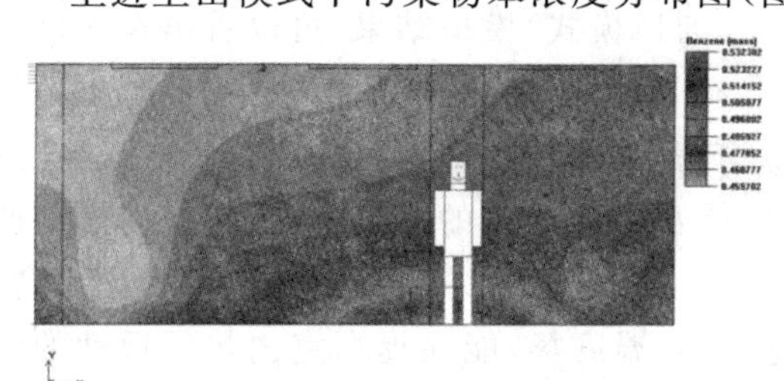

图 6-38　转换通风 $Z=2$m 处污染物苯浓度分布图

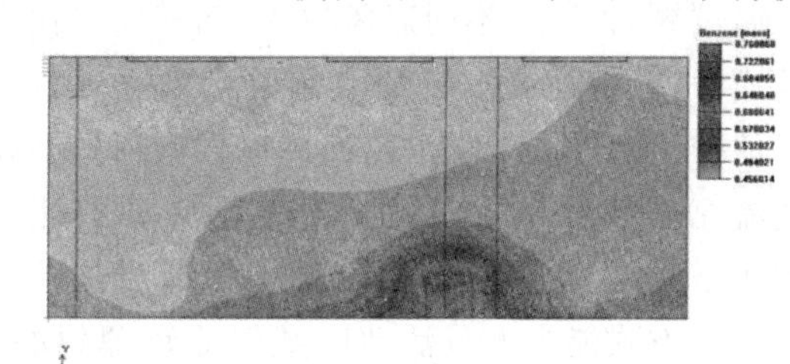

图 6-39　转换通风 $Z=3$m 处污染物苯浓度分布图

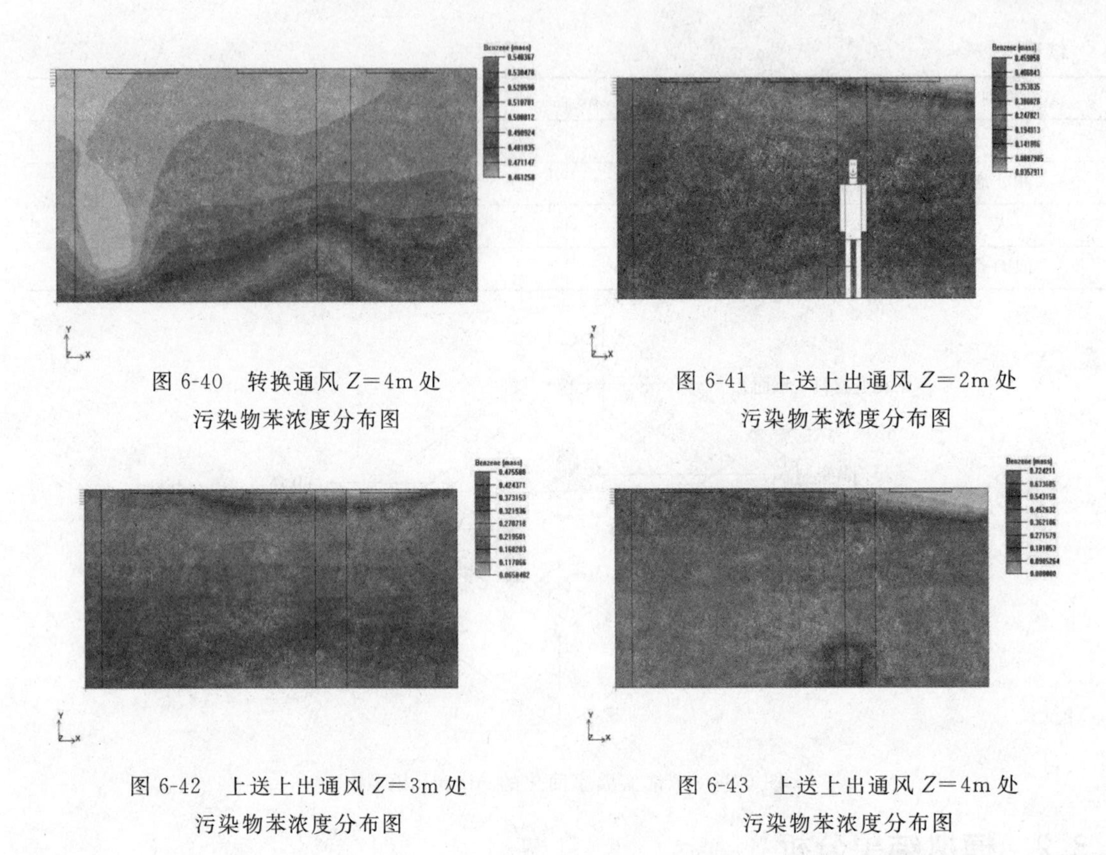

图 6-40　转换通风 $Z=4\text{m}$ 处污染物苯浓度分布图

图 6-41　上送上出通风 $Z=2\text{m}$ 处污染物苯浓度分布图

图 6-42　上送上出通风 $Z=3\text{m}$ 处污染物苯浓度分布图

图 6-43　上送上出通风 $Z=4\text{m}$ 处污染物苯浓度分布图

区域相似，三个截面中都是仅屋顶靠近入射口附近为轻微污染区域，但污染物苯高浓度分布区域则不一样，图 6-41($Z=2\text{m}$)和图 6-43($Z=4\text{m}$)中污染物高浓度区域位于房间底部呈条状分布(在 0～1.0m 高度范围内，污染物浓度集中在 0.40～0.46g/m^3)，而在图 6-42($Z=3\text{m}$)中，污染物高浓度区域位于污染源附近(污染物最高浓度为 0.72g/m^3)，呈点状分布。

纵向比较，转换通风模式在排除室内污染物方面要远远优于上送上出通风模式，导致这一现象的原因主要是由于上送上出通风模式，入射口与排风口都集中在顶部，这样虽然会对人员工作区域的影响要小一些，但是大部分入射气流还未进入房间底部就已经从排风口排走了，导致入射气流无法与室内气流充分融合，无法充分进行热交换，同样也无法带入室内产生的污染物，导致室内底部产生的污染物越积越多，浓度也越来越高，进而影响人们的身心健康，产生“空调病”。

6.3.3　结语

通过纵向对比(不同通风模式)和横向对比(同一通风模式)模拟结果，可以看出在上进上出模式中，入射气流不能很好地贯穿室内，不仅不能有效降低室内温度，室内污染气体也不能很好地排出室外。上送上出通风模式入射口与排风口都集中在顶部，导致入射气流无法与室内气流充分融合，无法充分进行热交换，同样也无法带出室内产生的污染物，导致室内底部产生的污染物越积越多。转换通风模式下的风速分布比上送上出模式下更均匀，效率较之更高。转换通风方式能为人员活动区域创造较理想的速度场、温度场，能在提高室内热舒适性的同时，有效改善室内空气质量，即使室内有集中的热源，转换通风空调方式也能在空调区域内形成较均匀的温度场和速度场，因此与传统的上送上出方式的中央空调相比，转换通风能够具有更高效、更快捷、更舒适、更健康的诸多优点。尤其是在“健康”方面，通过模拟我们发现传统空调诱发“空调病”的原因，而新型的转换通风方式却可以有效解决这一症结，从室内热舒适性和室内空气质量两方面有效地改善了室内空气环境，因此，有必要在今后大力推广这一健康舒适的新型空调系统。

参考文献

[1] 陈康民，杨丽. 挂壁式节能空调[P]. 发明专利，200410015870.2，2006.

[2] 刘念雄，秦佑国. 建筑热环境[M]. 北京：清华大学出版社，2005.

[3] 魏军涛. 既有建筑的绿色改造[D]. 太原：太原理工大学，2010.

[4] 胡建松. 住宅设计应有环境、生态和节能意识[J]. 中国高新技术企业，2008(7)：154-154.

[5] 兰家兴. 住宅设计应有环境、生态和节能意识[J]. 中国西部科技，2008，7(11)：1-4.

[6] 侯少波. 不同斜撑方式对格构式异形铁塔的影响[J]. 山西建筑，2005，17：51-52.

[7] 杨柳. 建筑气候学[M]. 北京：中国建筑工业出版社，2005.

[8] 谢浩. 科学处理建筑垃圾[J]. 中国住宅设施，2010，2：29-32.

[9] 庞彦. 诗意的栖居：研究当代环境装置艺术[D]. 长沙：湖南师范大学，2011.

[10] 彭贤忠. 城市深基坑预应力管桩工程管理实践[J]. 中国住宅设施，2010，2：42- 44.

[11] 朱新华. 论大体积混凝土施工技术的应用[J]. 广东科技，2007，6：137-138.

[12] 项秉仁. 建筑设计：思考的艺术[J]. 中外建筑，2011(4)：1-1.

[13] 郝洛西，杨秀. 世博之光从技术到艺术[J]. 时代建筑，2010(3)：50-55.

[14] 王立. 浅谈高层建筑对城市环境的影响[J]. 甘肃科技，2007，23(12)：193-194.

[15] 陶艳. 浅谈高层建筑与城市环境的结合[J]. 山西建筑，2007，33(11)：54-55.

[16] 唐子来. 西方城市空间结构研究的理论和方法[J]. 城市规划汇刊，1997(6)：1-11.

[17] 刘源. 高层建筑对城市环境影响及其对策[J]. 中外建筑，2006(5)：50-51.

[18] 朱静雯，李光耀. 基于 Fluent 的群体建筑风环境数值模拟研究[J]. 电脑知识与技术：学术交流，2013，8(10)：6790-6794.

[19] 刘加平. 城市物理环境[M]. 西安：西安交通大学出版社，1993.

[20] 陈友德. 浅谈建筑工程项目管理及控制策略[J]. 科技致富向导，2010，30：180.

[21] 康力伟. 高层建筑节能设计对策探讨[J]. 民营科技，2011，12(5)：97-98.

[22] 郑泳. 数码技术与建筑学[D]. 上海：同济大学，2003.

[23] 孙佳媚，张玉坤，隋杰礼，等. 绿色建筑评价体系在国内外的发展现状[J]. 建筑技术，2008，1：63-65.

[24] 蔡永洁，黄林琳. 现代化，国际化，商业化背景下的地域特色当代上海城市公共空间的非自觉选择[J]. 时代建筑，2009(6)：32-35.

[25] 张冠增. 城市文化与城市空间：从空间品味文化，用文化打造空间[J]. 上海城市规划，2012(3)：11-16.

[26] 关肇邺. 浅析建筑与地域文化[J]. 长江建设，2004(2)：26-27.

[27] 赵万英，马金花. 建筑物周围行人高度风环境的质量评估[J]. 工业建筑，2008(z1)：141-143.

[28] 邢永杰. 天津大学建筑室外风环境模拟和分析研究[D]. 天津：天津大学，2002.

[29] 陈飞. 建筑与气候：夏热冬冷地区建筑风环境研究[D]. 上海：同济大学，2007.

[30] 寇军.高层建筑群风环境数值模拟研究[D].上海:上海大学,2003.
[31] 丁瑜,徐斌.低碳生态 CBD 城市设计分析[J]. 2012 城市发展与规划大会论文集,2012.
[32] 柳孝图.城市物理环境与可持续发展[M].南京:东南大学出版社,1999.
[33] 张锦秋.城市文化环境的营造[J].规划师,2005,21(1):73-75.
[34] 徐落.建筑节能的效用[J].安防科技,2006,6:19.
[35] 朱君.绿色形态:建筑节能设计的空间策略研究[D].南京:东南大学,2009.
[36] 马春旺.高层公共建筑的生态设计方法[D].大连:大连理工大学,2008.
[37] 姜珉.高层居住建筑设计地域性原则探索[D].大连:大连理工大学,2008.
[38] 陈飞.高层建筑风环境研究[J].建筑学报,2008,2:72-77.
[40] 白虎志,任国玉,方锋.兰州城市热岛效应特征及其影响因子研究[J].气象科技,2005,33(6):492-495.
[41] 叶钟楠.风环境导向的城市地块空间形态设计:以同济大学建筑与城市规划学院地块为例[C]. 2010 城市发展与规划国际大会,2010.
[42] 江亿.我国建筑节能战略研究[J].中国工程科学,2011,13(6):30-38.
[43] 仇保兴.重建城市微循环:一个即将发生的大趋势[J].城市发展研究,2011,18(5):1-13.
[44] 宋克.超高层建筑风振与等效风荷载研究[D].长沙:湖南大学,2009.
[45] 苏士敏,陈恩甲.节能与高层建筑设计[J].低温建筑技术,1999(1):65-66.
[46] 田李梅.考虑流固耦合风振响应的低矮轻型房屋抗风数值模拟[D].济南:山东大学,2009.
[47] 宋晔皓.结合自然整体设计:注重生态的建筑设计研究[M].北京:中国建筑工业出版社,2000.
[48] 熊博,侯金祥,王晓飞.工程结构的风灾破坏,抗风设计及风振控制[C]//第十三届全国结构工程学术会议论文集(第Ⅲ册),2004.
[49] 范学伟,徐国彬,黄雨.工程结构的风灾破坏和抗风设计[J].中国安全科学学报,2001,11(5):73-76.
[50] 蔡功全.玻璃幕墙荷载和玻璃材料[J].科技资讯,2007(35):213-214.
[51] 项伟.风荷载下高层建筑的静、动力数值仿真和结构选型[D].长沙:国防科学技术大学,2006.
[52] 王宗海,陆剑红.冻土深度观测记录误差的成因浅析[J].湖北气象,2002(4):25-26.
[53] 杨晓利.超限剪力墙高层结构在风荷载作用下的结构响应研究[D].武汉:武汉理工大学,2009.
[54] 陈巍,闫莉.北京仁和古城农业观光园规划浅谈[J].中国园林,2003,5: 17-19.
[55] 刘维宁,张弥.城市地下工程环境影响的控制理论及其应用[J].土木工程学报,1997,30(5):66-75.
[56] 董安正.高层建筑结构抗风可靠性分析[D].大连:大连理工大学,2002.
[57] 刘润富.超高层建筑风致振动及舒适度研究[D].成都:西南交通大学,2011.
[58] 杨炜.高层建筑抗风概念设计及振动控制概述[J].科技风,2010,18: 110.
[59] 庄惟敏.建筑策划导论[M].中国水利水电出版社,2000.
[60] 江清源.高层建筑风环境及其影响研究[J].厦门科技,2007,5:17.

[61] 王敏,霍小平.风荷载与高层建筑体型设计浅析[J].工程建设与设计,2010(10):24-28.
[62] 哈莉娅·达力列汗.高层建筑风荷载及其抗风设计[J].工业建筑,2005(z1):271-275.
[63] 郭迅,张敏政.用于控制高柔结构振动的POD技术[J].地震工程与工程振动,1998,18(2):91-97.
[64] 方江生.复杂大跨度屋盖结构的风荷载特性及抗风设计研究[D].上海:同济大学,2007.
[65] 曹辉.尚信国际大厦风洞试验及风荷载特性研究[D].重庆:重庆大学,2012.
[66] 张强勇,陈旭光,林波,等.深部巷道围岩分区破裂三维地质力学模型试验研究[J].岩石力学与工程学报,2009,28(9):1757-1766.
[67] 刘艳军.流态桩身混凝土对桩周土体挤密作用的研究[D].南京:河海大学,2007.
[68] 波普,哈珀.低速风洞试验[M].彭锡铭,译.北京:科学出版社,1977.
[69] 陈卓如.工程流体力学[M].北京:高等教育出版社,1992.
[70] 余常昭.环境流体力学导论[M].清华大学出版社,1992.
[71] 洪艳,徐雷.山地建筑单体的形态设计探讨[J].华中建筑,2007,25(2):64-66.
[72] 赵彬,林波荣,李先庭,等.建筑群风环境的数值模拟仿真优化设计[J].城市规划汇刊,2002,2(138):57-60.
[73] 王仲刚,桅杆结构风振响应及混沌振动研究[D].上海:同济大学,2001.
[74] 王建国.城市设计(第三版)[M].南京:东南大学出版社,2011.
[75] 颜大椿.风工程中的风洞模拟和现场观测技术[C].第六届工业与环境流体力学会议论文集,1999.
[76] 聂少锋.低层冷弯薄壁型钢结构住宅风洞试验研究及数值分析[D].西安:长安大学,2009.
[77] 邹旭恺,王守荣,陆均天.气候异常对我国北方地区沙尘暴的影响及其对策[J].地理学报,2000,55(1):169-176.
[78] 李会知.城市建筑风环境的风洞模拟研究[J].华北水利水电学院学报,1999,20(3):32-34.
[79] 楼文娟,孙斌,卢旦,等.复杂型体悬挑屋盖风荷载风洞试验与数值模拟[J].建筑结构学报,2007,28(1):107-112.
[80] 张芹.规范玻璃幕墙风洞试验的若干思考[C].2005年全国铝门窗幕墙行业年会,2005.
[81] 张宁.锚杆对三维裂隙岩体加固止裂效应试验研究[D].济南:山东大学,2009.
[82] 王黎新.国有风电设备企业的发展战略研究[D].天津:天津大学,2009.
[83] 秦云,张耀春,王春刚.计算流体动力学在建筑风工程中的应用[J].哈尔滨工业大学学报,2003,35(8):977-981.
[84] 顾明,杨伟,黄鹏,等.TTU标模风压数值模拟及试验对比[J].同济大学学报:自然科学版,2007,34(12):1563-1567.
[85] 赵秉文,姜坪,陈晓春.CFD技术及其在水处理研究中的应用[J].环境科学与技术,2006,29(6):77-78.
[86] 杨德江,荆平.小区规划方案的大气流场模拟及环境影响分析[J].环境科学与技术,2008,31(9):147-150.

[87] 雷娅蓉，黄佳，李楠，等. 基于软件模拟室外环境规划设计实例分析[J]. 重庆建筑，2008(9)：44-46.

[88] 李磊，胡非，程雪玲，等. Fluent 在城市街区大气环境中的一个应用[J]. 中国科学院研究生院学报，2004，21(4)：476-480.

[89] 钱锋，朱亮. 文远楼历史建筑保护及再利用[J]. 建筑学报，2008(3)：76-79.

[90] 王俊，徐伟，林海燕，等. 建筑能耗现状与节能途径[J]. 中国科技成果，2006(19)：14-17.

[91] 赵万英. 建筑室外风环境模拟及分析研究[D]. 济南：山东建筑大学，2006.

[92] 王怡，刘加平. 居住建筑自然通风房间热环境模拟方法分析[J]. 建筑热能通风空调，2004，23(3)：1-4.

[93] 谭洪卫. 计算流体动力学在建筑环境工程上的应用[J]. 暖通空调，1999，29(4)：31-36.

[94] 汤广发，赵福云，周安伟. 城市住宅小区风环境数值分析[J]. 湖南大学学报：自然科学版，2003，30(2)：86-90.

[95] 李百战，刘晶，姚润明. 重庆地区冬季教室热环境调查分析[J]. 暖通空调，2007，37(5)：115-117.

[96] 宋德萱. 建筑环境控制学[M]. 南京：东南大学出版社，2003.

[97] 苏铭德，黄素逸. 计算流体力学基础[M]. 北京：清华大学出版社，1997.

[98] 韩松，郭斌. 建筑自然通风之温度效应[J]. 建筑节能，2008(9)：18-22.

[99] 王鹏，谭刚. 生态建筑中的自然通风[J]. 世界建筑，2000(4)：62-65.

[100] 程大章，王长庆，王坐中，等. 智能建筑节能的调研与分析[J]. 智能建筑与城市信息，2006(7)：16-22.

[101] 王卫国，徐敏，蒋维楣. 建筑物附近气流特征及湍流扩散的模拟试验[J]. 空气动力学学报，1999，17(1)：82-92.

[102] 李薇. CFD 方法研究桥梁断面三分力系数的雷诺数效应 [D]. 西安：长安大学，2007.

[103] 李振宇. 欧洲住宅建筑发展的八点趋势及其启示[J]. 建筑学报，2005 (4)：78-81.

[104] 王峰. 低碳经济时代的低碳住宅[J]. 学理论，2010(25)：103-104.

[105] 张兆丁. 浅论绿色建筑的发展[J]. 山西建筑，2010，36(19)：63-65.

[106] 吴为民. 发展节能建筑的研究与思考[J]. 浙江建筑，2006，22(B10)：1-3.

[107] 张贤尧. 绿色建筑技术体系模块化构建与评价研究[D]. 武汉：武汉理工大学，2012.

[108] 段春伟. 建筑项目绿色施工评价体系建立研究[D]. 北京：北京交通大学，2008.

[109] 徐建中，毕琳. 基于因子分析的城市化发展水平评价[J]. 哈尔滨工程大学学报，2006，27(2)：313-318.

[110] 胡天舒. 长春市会展旅游开发研究[D]. 吉林：东北师范大学，2010.

[111] 贾德昌. 屋顶绿化提升城市品质[J]. 中国工程咨询，2010(7)：20-24.

[112] 尹小涛. 高层建筑节能设计[J]. 中国新技术新产品，2010(1)：178-178.

[113] 郑时龄，章明，张姿. 延续城市空间，汇入城市历史：中国当代建筑的传统趋向探索[J]. 建筑学报，2006(8)：10-13.

[114] 李洪刚. 高层建筑与城市环境[J]. 安徽建筑，2003，10(1)：23-26.

[115] 路军. 冀北地区张家口市郊绿色住区设计研究[D]. 天津：河北工业大学，2011.

[116] 都桂梅，杨昌智. 几种典型布局住宅小区风环境数值模拟研究[D]. 长沙：湖南大学，2009.

[117] 黄文胜,罗清海,汤广发,等.建筑通风的历史与未来[J].建筑热能通风空调,2006,25(2):28-33.
[118] 叶青,卜增文.本土,低耗,精细:中国绿色建筑的设计策略[J].建筑学报,2007(11):15-17.
[119] 阿帆.风与城市规划[J].湖北气象,2002(4):26-26.
[120] 付国宏,唐锦春.低层房屋风荷载特性及抗台风设计研究 [J].浙江大学,2002(5):26-27.
[121] 吴立.大跨体育场馆风荷载及风干扰效应的数值模拟研究[D].泉州:华侨大学,2009.
[122] 杭红星.路桥过渡段沉降特性离心模型试验研究[D].成都:西南交通大学,2011.
[123] 刘玉娥.氦气与空气平面叶栅相似性的初步研究[D].哈尔滨:哈尔滨工程大学,2008.
[124] 刘娟.大跨屋盖结构风荷载特性及抗风设计研究[D].成都:西南交通大学,2011.
[125] 梁智尧,严钧,周清会,等. Ecotect 生态建筑技术在高层办公楼设计中的应用[J].建筑技术及设计,2009(8):88-91.
[126] 李先庭.室内空气流动数值模拟[M].北京:机械工业出版社,2009.
[127] 黄晨,肖学勤.大空间建筑室内热环境现场实测及能耗分析[J].暖通空调,2000,30(6):52-55.
[128] 董智超,娄君.某办公室热环境 CFD 模拟研究[J].制冷与空调(四川),2011(001):102-106.
[129] 杨鋆,王一飞,刘颖,等.天津西站地下出租车蓄车区通风系统模拟分析[J].建筑科学,2012,28(6):71-77.
[130] 顾真安.绿色建材:支撑节约型建筑业[J].中国建设信息,2008(6):15-17.
[131] 吴良镛.人居环境科学导论[M].北京:中国建筑工业出版社,2001.
[132] 黄明星,顾道金.建筑节能的全生命周期研究[J].华中建筑,2007,24(8):70-71.
[133] 刘秀杰.基于全寿命周期成本理论的绿色建筑环境效益分析[D].北京:北京交通大学,2012.
[134] 武涌,刘兴民,李沁.三北地区农村建筑节能:现状,趋势及发展方向研究 [J].建筑科学,2010,26(12):7-14.
[135] 朱嬿,陈莹.住宅建筑生命周期能耗及环境排放案例[J].清华大学学报:自然科学版,2010(3):330-334.
[136] 吴志强.中国人居环境可持续发展评价体系[M].北京:科学出版社,2003.
[137] 夏逸平,夏禹,华雪.绿色节能建筑是人类生存发展的方向[J].中国环境管理,2010(2):38-40.
[138] 常青.建筑遗产的生存策略:保护与利用设计实验[M].同济大学出版社,2003.
[139] 赵民,林华.居住区公共服务设备配建指标体系研究[J].城市规划,2002,26(12):72-75.
[140] 马璟炜,蒲建军,刘红景.关于建筑节能构造措施设计[J].城市建设理论研究,2012,30:1-2.
[141] 龙惟定,白玮,范蕊.低碳经济与建筑节能发展[J].建设科技,2008,24:14-20.
[142] 蔡丽敏,孙大明,王有为.浅议建筑垂直绿化[J].城市环境与城市生态,2009(2):16-19.

[143] 李庆军.高层建筑节能设计对策探讨[J].城市建设理论研究,2011(27):1-2.
[144] 梁晓贺,张敏.浅述绿色建筑的规划透视[J].城市建设理论研究,2012(29):1-3.
[145] 王辉,曾渊.大空间建筑的语音清晰度解决方案:上海世博会主题馆广播系统介绍[J].电声技术,2010,11:22-27.
[146] 彭震伟.上海大都市地区新城发展与规划的思考:以上海南桥新城规划为例[J].城市,2007(2):3-5.
[147] 何柳珍.浅析门窗检测中的渗漏水现象[J].房地产导刊,2013(16):1-2.
[148] 沈莉,李旺.试析高层建筑对城市环境的影响[J].中国新技术新产品,2011(14):182-182.
[149] 支文军.建筑与现象学[J].时代建筑,2008(6):1-1.
[150] 吴良镛.建筑文化与地区建筑学[J].建筑与文化,2004(4):7-11.
[151] 颜宏亮.建筑构造设计[M].上海:同济大学出版社,1999.
[152] 苏士敏,陈恩甲.节能与高层建筑设计[J].低温建筑技术,1999(1):65-66.
[153] 贠浩,芦宁.高层建筑设计中的节能措施研究[J].科技信息,2008(13):304-304.
[154] 萨克森,戴复东.中庭建筑:开发与设计[M].北京:中国建筑工业出版社,1990.
[155] 汪维,韩继红,安宇.绿色住宅技术集成与示范[J].住宅科技,2006,3:31-32.
[156] 周俭.城市住宅区规划原理[M].上海:同济大学出版社,1999.
[157] 史彦丽.建筑室内外风环境的数值方法研究[D].长沙:湖南大学, 2008.
[158] 陈飞,蔡镇钰,王芳.风环境理念下建筑形式的生成及意义[J].建筑学报,2007(7):29-33.
[159] 孟庆林.建筑学:建筑表面被动蒸发冷却[M].广州:华南理工大学出版社,2001.
[160] 刘少瑜,杨峰.旧建筑适应性改造的两种策略:建筑功能更新与能耗技术创新[J].建筑学报,2007(6):60-65.
[161] 傅小坚.双塔高层建筑风荷载干扰效应的数值模拟研究[D].杭州:浙江大学,2007.
[162] 郑朝荣.高层建筑静力风荷载若干问题的数值模拟研究[D].哈尔滨:哈尔滨工业大学,2005.
[163] 付刊林.屋盖结构风压特性和插值方法以及风振计算[D].杭州:浙江大学,2006.
[164] 廖宁林.中澳建筑幕墙风荷载计算方法的对比和分析[J].门窗,2008(6):15-19.
[165] 刘昊夫.典型超高层建筑气动弹性的实验研究[D].汕头:汕头大学,2011.
[166] 潘家增.基于应用的高层建筑结构风荷载分析[J].城市建设理论研究,2012(7):1-2.
[167] 王赓.高层建筑结构设计中风荷载的探讨[J].城市建设理论研究,2012 (1):1-3.
[168] 雷开贵,李永双,邓子辰. MATLAB仿真方法及其在建筑结构风振控制中的应用[J].四川建筑科学研究,2005,30(3):91-93.
[169] 蔡志波.高层建筑风荷载及抗风设计[J].中国水运(学术版),2007(10):78-80.
[170] 周显鹏.水平悬挑女儿墙对低矮双坡屋面风压的影响[D].泉州:华侨大学,2008.
[171] 郑远攀,钱新明,冯长根.重气扩散研究方法及其比较[J].安全与环境学报,2008,8(5):149-154.
[172] 顾明.土木结构抗风研究进展及基础科学问题[C]//第七届全国风工程和工业空气动力学学术会议论文集,2006:67-83.
[173] 林波.高地应力深部巷道分区破裂现象地质力学模型试验研究[D].济南山东大

学,2009.
[174] 战鹏,李宇峰.大流量燃气轮机调节阀试验研究[J].汽轮机技术,2008,50(4):276-278.
[175] 张朝晖.大跨度环形悬挑屋盖结构表面风荷载特性研究[D].重庆:重庆大学,2011.
[176] 洪晟.大跨度格栅屋盖抗风研究[D].成都:西南交通大学,2012.
[177] 颜大椿,程懋坤.北京植物园大型热带植物温室模型的风洞实验[J].土木工程学报,2000,33(5):100-106.
[178] 阎文成,张彬乾,李建英.超大型双曲冷却塔风荷载特性风洞试验研究[J].流体力学实验与测量,2003,17(U09):85-89.
[179] 王占宇.汽车排放污染物 CO 植物阻散特征的研究[D].哈尔滨:东北林业大学,2006.
[180] 余柏椿.论城市设计行为准则及方式[J].城市规划,2003,1(1):1.
[181] 魏颖旗.城市人居环境的可持续发展和建筑节能研究[D].镇江:江苏大学,2008.
[182] 徐宗威.中国建筑创作的形势和方向[J].建筑,2012(14):16-18.
[183] 杜文奇.瑞景居住区创建生态宜居区的讨论[D].天津:天津大学,2006.
[184] 黄一如,陈秉钊.城市住宅可持续发展若干问题的调查研究[M].北京:科学出版社,2004.
[185] 凌卫宁.建筑结构设计考虑风作用影响探析[J].城市建设与商业网点,2009(5):1-7.
[186] 吴太成.合景国际金融广场风洞测压试验数据表[J].广东省建筑科学研究院,2005.
[187] 张志强,王昭俊,廉乐明.住宅建筑室内热环境的数值模拟研究[J].建筑热能通风空调,2005,23(5):88-92.
[188] 陈则康.浅谈建筑节能结构优化设计[J].城市建设,2009(34):1-3.
[189] 张应华,刘志全,李广贺,等.基于不确定性分析的健康环境风险评价[J].环境科学,2007,28(7):1409-1415.
[190] 李胜英.民用建筑节能检测技术应用研究[D].天津:天津大学,2010.
[191] 汤猛.绿色建筑评价标准研究[J].江苏林业科技,2009,36(6):29-32.
[192] 韩妮.盘管冰蓄冷装置蓄冷特性的数值模拟分析[D].西安:西安科技大学,2009.
[193] 周俐俐.重庆英利大厦表面风压测量与分析[D].重庆:重庆大学,2006.
[194] 王景环.浅谈建筑节能的紧迫性及途径[J].山西建筑,2008,34(24):234-235.
[195] 周干峙.对生态城市的几点基本认识[J].中国园林,2009 (12):25-26.
[196] 马剑.群体建筑风环境的数值研究[D].杭州:浙江大学,2006.
[197] 庄云娇.基于 LCC 的大型公共项目前期投资控制研究[D].青岛:青岛理工大学,2010.
[198] 杨伟伟.浅谈高层建筑对城市空间环境的影响[J].中国科技纵横,2012 (9):155.
[199] 刘筱.山东省既有办公建筑外围护结构节能改造研究[D].济南:山东建筑大学,2010.
[200] 郭张钧.耗能系统节能评价指标体系的研究与分析[D].长沙:中南大学,2010.
[201] 吴正旺,王伯伟.大学校园规划 100 年[J].建筑学报,2005(3):5-7.
[202] 王进,高轩能.最不利荷载效应组合的简化判别法[J].郑州轻工业学院学报(自然科学版),2009,2:106-110.
[203] 刘朝永.绿色建筑评价探讨[J].建筑电气,2013,32(8):53-55.
[204] 李学征.中国绿色建筑的政策研究[D].重庆:重庆大学,2006.

[205] 蔚筱偲.政府投资项目绿色采购管理机制研究[D].沈阳:沈阳建筑大学,2011.
[206] 陈卓伦,赵立华,孟庆林,等.广州典型住宅小区微气候实测与分析[J].建筑学报,2009(11):24-27.
[207] 杨应忠.高层建筑中的环境问题分析[J].中国高新技术企业,2008 (10):232-232.
[208] 赵小磊.浅谈高层建筑与城市环境的关系[J].城市建设理论研究,2011(21) 1-3.
[209] 卢厉兵.台州地区居住建筑立面围护结构节能研究[D].杭州:浙江工业大学,2012.
[210] 段宗林,吴彪.论大体积混凝土施工技术的应用[J].中国住宅设施,2010(2):50-52.
[211] 王雪英,许东,丁波.有关城市风环境设计的若干问题的探讨[J].辽宁工业大学学报:自然科学版,2009,29(3):174-177.
[212] 高璐.浅谈北方地区节能与高层建筑设计[J].价值工程,2010,29(9):158-158.
[213] 邹慧丽,王凯.浅谈自然通风的研究应用[J].山西建筑,2008(3):193-194.
[214] 田蕾.建筑环境性能综合评价体系研究[M].南京:东南大学出版社,2009.
[215] 刘超群.多重网格法及其在计算流体力学中的应用[M].北京:清华大学出版社,1995.
[216] 王锦.建筑方案创作阶段的节能构思[J].西安建筑科技大学学报,2005,5.
[217] 吕玉梅,尤德清.基于 ANSYS 的高层建筑位移控制可靠性分析[J].山西建筑,2006,32(3):54-55.
[218] 刘辉志,姜瑜君,梁彬,等.城市高大建筑群周围风环境研究[J].中国科学:D辑,2006,35(A01):84-96.
[219] 李卫华.大跨径连续刚构桥梁施工控制仿真计算及抗风分析[D].武汉:武汉理工大学,2005.
[220] 杨涛.夏热冬冷地区高层住区风环境的空间布局适应性研究[D].长沙:湖南大学,2012.
[221] 钱若军,韩向科,苏波.基于流体力学理论的风场数值模拟[J].空间结构,2011(4):3-7.
[222] 初文荣.受压钢管混凝土构件的可靠性分析[D].绵阳:西南科技大学,2007.
[223] 廉锋.寒地高层建筑近地空间设计研究[D].哈尔滨:哈尔滨工业大学,2009.
[224] 薛力.城市化背景下的“空心村”现象及其对策探讨:以江苏省为例[J].城市规划,2001(6):8-13.
[225] 吴为民.发展节能建筑的研究与思考[J].浙江建筑,2006,22(B10):1-3.
[226] 吴长福.基于地域特征的商业街空间塑造:上海真如兰溪路商业街的设计操作[J].建筑学报,2006(1):19-21.
[227] 涂永昌.房屋建筑节能施工[J].江西建材,2010(1):38.
[228] 李祖华,赵源.高层建筑对城市环境影响分析[J].工业建筑,2008 (z1):8-10.
[229] 孙施文,周宇.城市规划实施评价的理论与方法[J].城市规划汇刊,2003(2):15-20.
[230] 褚亚旭.基于 CFD 的液力变矩器设计方法的理论与实验研究[D].吉林:吉林大学,2006.
[231] 刘滨谊,姜允芳.中国城市绿地系统规划评价指标体系的研究[J].城市规划汇刊,2002(2):27-29.
[232] 伍倩仪.基于全寿命周期成本理论的绿色建筑经济效益分析[D].北京:北京交通大学,2011.

[233] Jong T.. Natural ventilation of large multi-span greenhouses[D]. Agricultural University Wageningen, 1990.

[234] Kibert C. J.. Sustainable construction: green building design and delivery[M]. wiley, 2012.

[235] Crosbie M. J.. Green architecture: a guide to sustainable design[M]. Rockport Publishers, 1994.

[236] Kats G.. Green building costs and financial benefits[M]. Boston, MA: Massachusetts Technology Collaborative, 2003.

[237] Vale B., Vale R. J. D., Doig R.. Green architecture: design for a sustainable future [M]. Royal Victorian Institute for the Blind. Special Request Service, 1997.

[238] Farmer J., Richardson K.. Green shift: Towards a green sensibility in architecture [M]. Architectual Press, 1996.

[239] Ong B. L.. Green plot ratio: an ecological measure for architecture and urban planning[J]. Landscape and urban planning, 2003, 63(4): 197-211.

[240] Mackenzie D., Moss L., Engelhardt J., et al. Green design: Design for the environment[M]. London: Laurence king, 1991.

[241] Santamouris, Matheos. Energy and climate in the urban built environment[M]. Routledge, 2013.

[242] Tominaga Y., Mochida A., Yoshie R., et al. AIJ guidelines for practical applications of CFD to pedestrian wind environment around buildings[J]. Journal of wind engineering and industrial aerodynamics, 2008, 96(10): 1749-1761.

[243] Gottfried D.. Greed to Green: The Transformation of an Industry and a Life[M]. World Build Publishing, 2004.

[244] Yang L., Ye M.. CFD simulation research on residential indoor air quality[J]. Science of The Total Environment, 2014, 472: 1137-1144.

[245] Mochida A., Lun I. Y. F.. Prediction of wind environment and thermal comfort at pedestrian level in urban area[J]. Journal of Wind Engineering and Industrial Aerodynamics, 2008, 96(10): 1498-1527.

[246] Gottfried D.. A blueprint for green building economics[J]. Industry and Environment, 2003, 26(2): 20-21.

[247] Derek T., Clements-Croome J.. What do we mean by intelligent buildings? [J]. Automation in Construction, 1997, 6(5): 395-400.

[248] John G., Clements-Croome D., Jeronimidis G.. Sustainable building solutions: a review of lessons from the natural world[J]. Building and Environment, 2005, 40(3): 319-328.

[249] Kubota T., Miura M., Tominaga Y., et al. Wind tunnel tests on the relationship between building density and pedestrian-level wind velocity: Development of guidelines for realizing acceptable wind environment in residential neighborhoods[J]. Building and Environment, 2008, 43(10): 1699-1708.

[250] Simiu E., Scanlan R. H.. Wind effects on structures: fundamentals and applications

to design[M]. John Wiley,1996.

[251] Jeong S. H. ,Bienkiewicz B. . Application of autoregressive modeling in proper orthogonal decomposition of building wind pressure[J]. Journal of wind engineering and industrial aerodynamics,1997,69:685-695.

[252] Santamouris, Matheos, Francis Allard. Natural ventilation in buildings: a design handbook[M]. Earthscan,1998.

[253] Yang L. ,He B. ,Ye M. . The application of solar technologies in building energy efficiency:BISE design in solar-powered residential buildings[J]. Technology in Society, 2014,38:111-118.

[254] Krishna P. . Wind loads on low rise buildings—A review[J]. Journal of wind engineering and industrial aerodynamics,1995,54:383-396.

[255] Jensen M. ,Burman R. ,Allen R. . ASCE manuals and reports on engineering practice No. 70[J]. Evapotranspiration and irrigation water requirements,1989,20:21-22.

[256] Mehta R. D. ,Bradshaw P. . Design rules for small low-speed wind tunnels[J]. Aeronautical Journal,1979,83(827):443-449.

[257] Watson D. ,Plattus A. J. ,Shibley R. G. . Time-saver standards for urban design[M]. New York:McGraw-Hill,2003.

[258] Alan G. . Davenport Wind Engineering Group. Wind tunnel testing:A general outline [D]. The University of Western Ontario,Faculty of Engineering Science,2007,5.

[259] Willert C. E. ,Gharib M. . Digital particle image velocimetry[J]. Experiments in fluids,1991,10(4):181-193.

[260] Zhuang F. C. . Recent advances in experimental fluid mechanics[M]. International Academic Publishers,1992.

[261] Yang L. ,He B. J. ,Ye M. . Application Research of ECOTECT in Residential Estate Planning[J]. Energy and Buildings,2014,72:195-202.

[262] Snyder W. H. . Similarity criteria for the application of fluid models to the study of air pollution meteorology[J]. Boundary-Layer Meteorology,1972,3(1):113-134.

[263] Shi R. F. ,Cui G X. ,Wang Z. S. ,et al. Large eddy simulation of wind field and plume dispersion in building array[J]. Atmospheric Environment,2008,42(6):1083-1097.

[264] Okada H. , Ha Y. C. . Comparison of wind tunnel and full-scale pressure measurement tests on the Texas Texh Building[J]. Journal of Wind Engineering and Industrial Aerodynamics,1992,43(1):1601-1612.

[265] Edwards B. W. ,Naboni E. . Green Buildings Pay:Design, Productivity and Ecology [M]. Routledge,2013.

[266] Chawla L. . Biophilic Design:The Architecture of Life[J]. Children Youth and Environments,2012,22(1):346-347.

[267] He B. J. ,Yang L. ,Ye M. ,et al. Overview of rural building energy efficiency in China[J]. Energy Policy,2014,69:385-396.

[268] Min Jianqing,Xu Zibin. Multi-ventilation indoor temperature field and air quality numerical analysis[J]. Fluid Machinery,2006,12:29-33.

[269] Jia Qingxian, Zhao Rongyi, Xu Weiquan, et al. The Impact of Wind on the Comfort Subjective Investigation and Objective Evaluation[J]. HVAC, 2000, 30 (3): 21-23.

[270] Mistriotis A., Bot G. P. A., Picuno P., et al. Analysis 0f the efficiency of greenhouse ventilation using computational fluid dynamics[J]. Agricultural and Forest Meteorology, 1997, 85: 217-228.

[271] Hostmadse N. A., Mccluskey D. R.. On the accuracy and reliability of PIV measurements[C]. Proceedings of 7th International Symposium on Applications of Laser Techniques to Fluid Mechanics, 1994.

[272] Penwarden A. D., Wise A. F. E.. Wind environment around buildings [M]. HMSO, 1975.

后　记

“绿色”之于“绿色建筑”，不仅仅指如屋顶花园或立体绿化等一般意义上的具体措施，更是一种概念或象征。以维持建筑环境生态平衡为前提，充分利用自然资源，旨在营造健康、舒适、环保与节能的居住环境，构建与发展可持续的生态建筑。

以人、建筑和自然环境的协调发展为目标，绿色建筑采用天然条件和人工手段营造良好居住环境的同时，也应该尽可能地控制和减少对自然环境的影响与干扰，充分体现向大自然的“取”与“还”的平衡。

在绿色及低碳越来越备受重视的今天，建筑设计不仅要考虑建筑的实用美观，还要考虑建筑的能耗与可持续性。当今许多国家已经很重视绿色建筑的发展和研究，建筑设计的方方面面都已渗入了绿色建筑的思想，建筑师们正在努力引领一种“回归自然”的建筑模式。衷心地希望本书能够推动建筑环境的科学化设计，促进我国生态绿色建筑的发展。

本书在写作过程中得到很多老师和学生的帮助，为此深表谢意！感谢我的研究生何宝杰、叶苗、赵豆豆、李亚楠等同学的协助。因编写时间有限，若有文献引用遗漏之处，敬请谅解！

杨　丽

本书为国家自然科学基金资助(项目批准号:51378365)